Valentin Crastan

Domanda mondiale di energia e protezione del clima, Rapporto 2012

Prof. Dr.-Ing. Valentin Crastan

valentin.crastan@bluewin.ch

CRACON – edizioni, 2012
Traduzione dal tedesco dell'autore

ISBN 978-2-9700650-6-7

Prefazione

Il cambiamento climatico è più che mai evidente ed è urgente agire.

Possiamo ancora salvare il clima, frenare il riscaldamento del pianeta? Se ne discute nei media, soprattutto quando alle Nazioni Unite è in corso una conferenza sull'argomento. Ci si lamenta allora, spesso con disperazione, rassegnazione o cinismo, che i requisiti del protocollo di Kyoto non sono rispettati, che le emissioni di CO_2 continuano ad aumentare, nonostante anni di negoziati e che non si vede alcun progresso. E ancora una volta si fanno sentire le voci che suggeriscono il semplice adattamento o l'uso della geo-ingegneria.

Non riteniamo esatto dire che non si sono fatti progressi nel corso degli ultimi decenni. L'efficienza energetica nel mondo è costantemente aumentata e l'intensità CO_2 dell'energia è stata ridotta, per lo meno in tutti i paesi OCSE e ancora di più in Europa. Le statistiche lo dimostrano. A livello globale, è normale che per il momento le emissioni di CO_2 aumentino, considerando le necessità di recupero dei paesi emergenti e in via di sviluppo. Ma l'inversione di tendenza non è fuori portata.

L'intento maggiore di questo rapporto è proprio di dimostrare che questa inversione non è irraggiungibile. Un incremento un po' più forte dell'efficienza energetica globale, in linea con le tendenze attuali, e una riduzione moderata ma progressiva dell'intensità CO_2 dell'energia, anche nel mondo non-OCSE, sarebbero sufficienti per avvicinarsi agli obiettivi climatici. I valori e le tendenze degli indicatori dovrebbero essere il principio guida, per tutti. Aspetto cruciale, le emissioni di CO_2 devono rapidamente costare di più, anche se questo è doloroso. Ciò richiede buonsenso, volontà e interventi appropriati. L'impegno deve essere coerente con le possibilità economiche dei paesi interessati e sostenuto da un'azione internazionale coordinata, in primo luogo guidata e appoggiata dai paesi economicamente forti.

In quest'ottica è interessante esaminare, come le riduzioni necessarie delle emissioni globali di CO_2 siano da ripartire tra continenti, regioni e paesi. Il rapporto cerca di dare una risposta sulla base degli indicatori. Si tratta di suggerimenti, di un punto di partenza per la discussione. La fattibilità deve essere verificata nei prossimi anni, e la ripartizione adeguata di conseguenza. L'obiettivo generale non può essere modificato. Se qualcuno emette di più, un altro deve necessariamente emettere meno. Questo è l'unico modo per mettere un freno al cambiamento climatico. Le trattative devono avere una base statistica solida, oggettiva e focalizzata sull'obiettivo da raggiungere. Mi auguro che questa relazione possa dare un contributo in questo senso.

Evilard (CH)
dicembre 2012

V.Crastan

Domanda mondiale di energia e protezione del clima, Rapporto 2012

Indice

Introduzione

La crisi finanziaria/economica riduce la flessibilità di una politica ambientale ambiziosa volta a frenare il riscaldamento del pianeta, ma al tempo stesso apre anche delle opportunità. Il prodotto interno lordo è in calo in alcuni paesi, almeno temporaneamente, o la crescita è inferiore al previsto. L'indebolimento della domanda di energia che ne consegue, permette di guadagnar tempo per riflettere sulle misure di politica energetica da prendere e da attuare.

In questo momento di crisi è più che mai importante rendersi conto, che i costi della protezione attiva del clima saranno di gran lunga inferiori a quelli causati dai danni del riscaldamento del pianeta. Tali danni possono essere evitati solo in parte da strategie di puro adattamento, spesso egoiste.

Indicatori universalmente accettati che permettano di definire con precisione gli obiettivi climatici da raggiungere sono una delle condizioni essenziali per fare confronti fra paesi e per iniziare trattative proficue.

1 Obiettivi e indicatori

Secondo gli studi che riguardano l'evoluzione del clima, le emissioni di CO_2 dovute al consumo di energia devono essere dapprima stabilizzate, poi ridotte fino al 2030, e in seguito ancora dimezzate fino al 2050. Attraverso queste misure, la concentrazione di CO_2 nell'atmosfera potrebbe essere limitata a un massimo di 450 ppm (parts per million), ciò che corrisponde a un aumento della temperatura media del pianeta di 2°C rispetto all'era preindustriale [1], [2]. Concretamente, per raggiungere quest'obiettivo, è necessario che nel 2030 le emissioni di CO_2 dovute all'energia non superino le 27'000 Mt (esclusi i bunkeraggi marittimi e aerei) e che si riducano a ca. 14'000 Mt fino al 2050.

La crescita attuale delle emissioni di CO_2 é dovuta a due fatti:

a) Il fabbisogno globale di energia aumenta in funzione della crescita del prodotto interno lordo (PIL) mondiale. Quest'ultimo aumenta con la crescita della popolazione e soprattutto per l'aumento più che giusto della prosperità materiale dei paesi emergenti e in via di sviluppo. Il rapporto energia/PIL (con riferimento al PIL ppa, a parità di potere d'acquisto) è chiamato ***intensità energetica* ε**, che può essere espressa per esempio in **kWh/$**. Per raggiungere gli obiettivi della protezione del clima è necessario che la conversione e l'uso di energia siano efficaci e l'intensità energetica quindi la minima possibile. Il concetto di efficienza energetica è inverso a quello d'intensità energetica.

b) Le emissioni di CO_2 aumentano perché, particolarmente nei paesi emergenti (ma non solo), si usano sempre di più energie ad alto contenuto di carbonio, che emettono grandi quantità di CO_2. Di questo effetto si tiene conto con il concetto di ***intensità CO_2 dell'energia k*** espressa in **g CO_2/kWh**. Essa dipende dal tipo di energia utilizzata. Le emissioni di CO_2 dovute alla combustione del carbone sono circa k = 350 g CO_2/kWh, quelle dovute alla combustione del petrolio ca. 260 g CO_2/kWh e quelle dovute alla combustione del gas naturale ca. 200 g CO_2/kWh. L'uso di fonti rinnovabili o quasi esenti da CO_2 (energia idroelettrica, irraggiamento solare, energia eolica, calore solare e geotermico, biomassa, energia delle onde e delle correnti marine, energia nucleare) riduce il valore globale dell'intensità CO_2.

La tendenza all'aumento delle emissioni di CO_2 non può essere frenata che influenzando i due fattori. Introduciamo quindi, per tener conto dei due aspetti, *l'indicatore CO_2 di sostenibilità* η *come* prodotto dei due fattori *intensità energetica* ε e *intensità CO_2 dell'energia k*.

Per i valori assoluti e per le variazioni annuali si ottiene [3] :

$$\eta\left[\frac{gCO_2}{\$}\right] = k\left[\frac{gCO_2}{kWh}\right] \times \varepsilon\left[\frac{kWh}{\$}\right]$$

$$\Delta\eta\,[\%/a] = \Delta k\,[\%/a] + \Delta\varepsilon\,[\%/a]$$

Il valore medio globale di questo indicatore era nel 2010 di 425 g CO_2/$ (dollari del 2007 di PIL ppa), con i fattori 218 g CO_2/kWh × 1.95 kWh/$. Questo indicatore è particolarmente utile, insieme ai suoi fattori, per confrontare l'evoluzione nei diversi paesi, confronto che riguarda la sostenibilità della loro economia energetica e l'efficacia delle misure prese per proteggere il clima. Si presta come base di discussione, e di trattative. Che valore dovrà avere, nel mondo e nei diversi continenti, nel 2030 o nel 2050, per raggiungere gli obiettivi necessari alla protezione del clima? Di interesse sono anche gli indicatori pro capite che ne risultano, e dell'energia e α delle emissioni di CO_2 :

$$e\left[\frac{kW}{capite}\right] = \varepsilon\left[\frac{kWa}{10{,}000\ \$}\right] \times y\left[\frac{10{,}000\ \$}{a, capite}\right]$$

$$\alpha\left[\frac{tCO_2}{a, capite}\right] = \eta\left[\frac{tCO_2}{10{,}000\ \$}\right] \times y\left[\frac{10{,}000\ \$}{a, capite}\right]$$

dove y rappresenta il prodotto interno lordo per abitante a parità di potere di acquisto, PIL (ppa) espresso per esempio in dollari all'anno pro capite.
(1 kWa = 8 760 kWh, 1 kWa/10'000 $ = 0.876 kWh/ $, 1 t CO_2/10'000 $ = 100 g CO_2/$).
L'indicatore α è fondamentale, l'aumento della popolazione essendo la più prevedibile. Quest'indicatore a quindi senso come obiettivo a lungo termine, ma si presta poco ai confronti attuali, e quindi come punto di partenza per le trattative a corto termine, a causa dei livelli di sviluppo molto diversi delle varie regioni del mondo.

Esaminiamo più da vicino i due fattori ε e k dell'indicatore che caratterizza la sostenibilità dell'approvvigionamento energetico di un paese o di una regione del mondo.

1.1 Intensità energetica

Per mettere a confronto l'intensità energetica dell'economia di paesi diversi è bene scegliere un'unità di misura che permetta di definire in modo oggettivo e corretto la capacità produttiva del paese. Il valore assoluto del PIL in $ in base al cambio corrente non si presta troppo, perché il livello dei prezzi e quindi il potere d'acquisto, che alla fine determinano la produttività e la competitività, sono molto diversi da un paese all'altro. È per questo, che le istituzioni mondiali (Banca mondiale, Fondo monetario internazionale [4]) determinano per tutti i paesi, un PIL corretto secondo il potere d'acquisto (ppa = parità di potere d'acquisto). Si è tentato di definire anche altri indici, ma, nonostante i suoi difetti come indicatore di benessere, il PIL (ppa) è finora l'unico indice statisticamente disponibile che permette un confronto internazionale ragionevole.

L'estrapolazione dell'intensità energetica agli anni 2030 e 2050 richiede degli scenari di sviluppo del fabbisogno energetico in funzione della crescita demografica e di quella del PIL. Scenari corrispondenti sono stati sviluppati dall'Agenzia Internazionale dell'Energia (AIE, in inglese IEA) per il 2030 e il 2035. Essi sono illustrati dalla Figura 1, insieme alla domanda globale di energia del 2009 [5], [6].

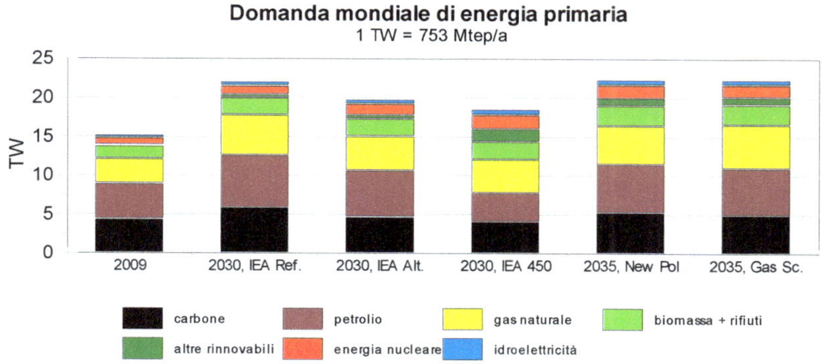

Figura 1. Domanda nel 2009 e scenari AIE per la domanda mondiale di energia nel 2030, 2035 (tep = tonnellate di equivalenti di petrolio)

I due primi scenari di riferimento e alternativo, per il 2030, sono stati pubblicati nel 2004 (WEO, [5]). Lo *scenario di riferimento (Ref)* porta per il 2030 a un consumo energetico di 22 TWa, (1 TWa = 753 Mtep), ciò che corrisponde a un tasso d'incremento dell' 1.8%/a partendo dal 2009. Lo *scenario alternativo (Alt)*, più adatto alle esigenze della protezione del clima, porta, grazie ad una migliore efficienza, a un fabbisogno energetico di 19.7 TWa, corrispondenti a un aumento medio solo dell'1.3%/a. Lo *scenario 450*, pubblicato nel 2009 [6], che soddisfa al meglio le esigenze di protezione del clima, corrisponde a una domanda di energia sempre per il 2030 di 18,5 TWa (cioè di circa 14'000 milioni di tep). Questo scenario richiede una riduzione importante non solo dell'intensità energetica ma anche dell'intensità CO_2 dell'energia. Gli scenari presentati nel 2011 per il 2035 (« New Policies Scenario » e « Gas Scenario ») con ca. 22.5 TWa (tasso di aumento di 1,5%/a), rispettano le esigenze di protezione del clima, solo se si parte dal presupposto che una parte significativa del consumo di combustibili fossili, grazie a CCS (« Carbon Capture and Storage »), non contribuisca all'arricchimento di CO_2 dell'atmosfera. Ammettendo per il 2030 una domanda di energia di 19,3 TWa, leggermente superiore a quella dello scenario 450, e un PIL (ppa) di 125.000 miliardi ($ del 2007), l'obiettivo climatico per l'intensità energetica del 2030 sarebbe di 1.35 kWh/$, vale a dire una riduzione del 31% rispetto al 2010 (tasso di riduzione dell'1.8%/a).

1.2 Intensità CO_2 dell'energia

L'obiettivo per la protezione del clima di cui sopra (27'000 Mt di CO_2 nel 2030 senza bunkeraggi), non può essere realizzato, anche con lo scenario 450, che se il 10% dei consumi di carbone e gas vengono resi innocui dal CCS. Gli ultimi due scenari (Nuove politiche e gas) sono accettabili solo con un CCS molto più efficace. E solo attraverso l'eliminazione di quasi il 50% delle emissioni di CO_2 provenienti dalla combustione di carbone e gas nelle centrali elettriche che l'obbiettivo climatico è raggiungibile. Per i derivati del petrolio (usati principalmente come carburanti), il CCS è praticamente irrealizzabile, tranne che nelle centrali elettriche. Con una domanda di energia di 19,3 TWa ed emissioni CO_2 di 27'000 Mt, l'obiettivo per l'intensità CO_2 dell'energia nel 2030 sarebbe di 160 g CO_2/kWh, vale a dire una riduzione del 27% rispetto al 2010 (tasso di riduzione annuo dell'1.5%).

2 Protezione del clima e misure necessarie

In sintesi, al fine di soddisfare le esigenze di protezione del clima, le ipotesi dello scenario AIE 450, o, con CCS molto efficace, anche degli scenari "Nuove politiche" e "Gas", devono essere attuate. È compito della politica nazionale e internazionale di renderlo possibile, ponendo le condizioni quadro necessarie per incoraggiare gli investimenti, includendo il mercato dei diritti di emissione e eventuali tasse CO_2. Per questo, è essenziale conoscere su scala mondiale gli indicatori e la loro tendenza che costituiscono una base oggettiva per lo scambio di idee, per le direttive e i contratti da negoziare.

2.1 Misure nel settore dell' elettricità

Rileviamo innanzitutto, che nel 2009 le emissioni di CO_2 si ripartivano come indicato dalla figura 2 [9]. Ricordiamo che: consumo interno lordo di energia = energia finale ("calore" non elettrico + carburanti + elettricità) + perdite del settore energetico [3].

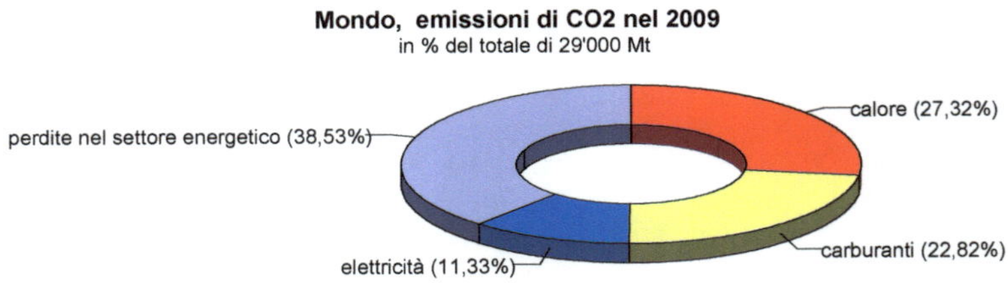

Figura 2. Distribuzione delle emissioni globali di CO_2. "Calore" include anche il "lavoro" non elettrico.

Circa il 50 % delle emissioni di CO_2 sono causate dal settore energetico, il cui ruolo è di trasformare l'energia primaria o lorda in energia finale e le cui perdite sono dovute principalmente alla produzione di energia elettrica. Il grado di elettrificazione nel mondo corrisponde in larga misura al livello di sviluppo economico. Oltre alle misure di riduzione del CO_2 da adottare nei settori del calore e della mobilità, la cui evoluzione richiede anche più energia elettrica (pompa di calore, auto elettrica), è quindi di fondamentale importanza emettere il meno possibile di CO_2 nel corso del processo di produzione dell'elettricità.

A questo proposito si hanno le possibilità seguenti, le quali dovrebbero essere utilizzate tutte (ma con ponderazione diversa secondo il paese) [3]:

a) Forte riduzione delle perdite di energia del settore energetico con un forte aumento del rendimento delle centrali elettriche: accoppiamento forza-calore (cogenerazione) e ciclo combinato.

b) Cattura e stoccaggio del CO_2 (CSC, inglese CCS) nelle centrali a carbone, a petrolio e a gas. Incertezze: la tecnologia non è ancora sufficientemente progredita, forse anche costosa e la compatibilità ambientale ancora da dimostrare.

c) Sostituzione del carbone con il gas naturale (riduzione delle emissioni a circa il 55%) e del petrolio con il gas naturale (riduzione delle emissioni a circa il 75%). Restrizioni gravi: il vantaggio è solo parziale, le riserve globali di gas naturali non sono illimitate, dipendenze politiche.

d) Energia nucleare: le centrali nucleari sono quasi esenti da emissioni di CO_2. Restrizioni: le riserve di uranio sono limitate quando si utilizzano reattori di terza generazione. La realizzazione di reattori di quarta generazione deve essere ben ponderata, tecnicamente, economicamente e politicamente. La fissione nucleare incontra un'opposizione sempre più accanita dopo Fukushima. La fusione nucleare può essere presa in considerazione solo per la seconda metà del secolo.

e) Utilizzazione la più ampia possibile delle risorse idroelettriche. Restrizioni: il potenziale mondiale non è illimitato.

f) Energia eolica: la tecnologia è matura e, se le condizioni del vento sono favorevoli, anche conveniente. Con l'uso di impianti off-shore, il potenziale è notevole. Limitazioni: reti elettriche e stoccaggio di energia richiedono un notevole adattamento.

g) Energia geotermica: Limitazioni: le centrali geotermiche sono adatte solo per regioni con anomalie geotermiche. Ma in queste regioni il potenziale è molto importante.

h) Biomassa: il potenziale della biomassa è limitato: la biomassa dovrebbe essere riservata, ad eccezione della cogenerazione locale con rifiuti, soprattutto per le applicazioni caloriche e i carburanti, a condizione che il suo uso rispetti l'ecologia e preservi le foreste pluviali. La produzione di bio-carburanti è sovente ben lungi dall'essere a zero emissioni di CO_2.

i) Solare termico e fotovoltaico: Gli impianti termo-solari sono adatti per paesi o regioni con bassi livelli di radiazione diffusa e hanno lì un grande potenziale. L'energia fotovoltaica è ostacolata dal costo ancora elevato, ma, considerando il potenziale illimitato e le possibilità di diffusione capillare di questa tecnica, il suo sviluppo deve essere finché necessario incoraggiato con tariffe di rimborso (feed-in) ragionevoli.

2.2 Indicatori mondiali

Nell'analisi che segue, il mondo è suddiviso in [8], [9]:

OCSE-34 ----> UE-15
Stati Uniti
Giappone
OCSE rimanente (17 stati)

Non-OCSE ----> Cina
India
Medio Oriente
Eurasia (ex-Unione sovietica + Europa non-OCSE)
Asia /Oceania rimanente
Centro e Sud America
Africa.

I dettagli dell'UE-15 sono trattati nel quadro dell'UE-27. L'Unione europea comprende l'UE-15 (Germania, Francia, Regno Unito, Irlanda, Italia, Spagna, Portogallo, Grecia, Paesi Bassi, Belgio, Lussemburgo, Danimarca, Svezia, Finlandia, Austria), i paesi restanti membri dell'OCSE (6 paesi: Polonia, Repubblica Ceca, Slovacchia, Ungheria, Slovenia, Estonia) ed i paesi dell'Eurasia /Europa non-OCSE (6 paesi: Lettonia, Lituania, Cipro, Malta, Romania, Bulgaria).

Determiniamo, rappresentiamo e commentiamo :

- il PIL (ppa) pro capite,
- l'intensità energetica,
- l'intensità CO_2 (dell'energia),
- l'indicatore CO_2 della sostenibilità.

(Come base, si parte dalle statistiche dell'AIE 2006 - 2012 nonché da quelle del Fondo Monetario Internazionale (FMI) ("database, october 2012"), si vedano i riferimenti.

3 Mondo

3.1 Popolazione e prodotto interno lordo nel 2010

Il mondo è suddiviso come già accennato (seguendo essenzialmente l'AIE) in: OCSE (UE-15 + Stati Uniti + Giappone + 17 paesi OCSE rimanenti), Medio Oriente, Eurasia (Europa non-OCSE inclusa), Cina, India, Asia/Oceania rimanente (senza membri OCSE), Centro e Sud America, Africa. La figura 3.1 mostra la distribuzione percentuale della popolazione.
Il PIL (ppa) mondiale è di 71'000 miliardi di $/a ($ del 2007). Ma c'è un abisso tra il PIL pro capite medio dei paesi OCSE è il resto del mondo (fattore di circa 6, Figura 3.2). La Cina produce con il 20% della popolazione un PIL (ppa) di 9'940 miliardi di dollari/a pari al 14% del PIL mondiale. L'India produce con il 17% della popolazione un PIL (ppa) di 3'850 dollari miliardi di dollari/a pari al 5,4% del PIL mondiale

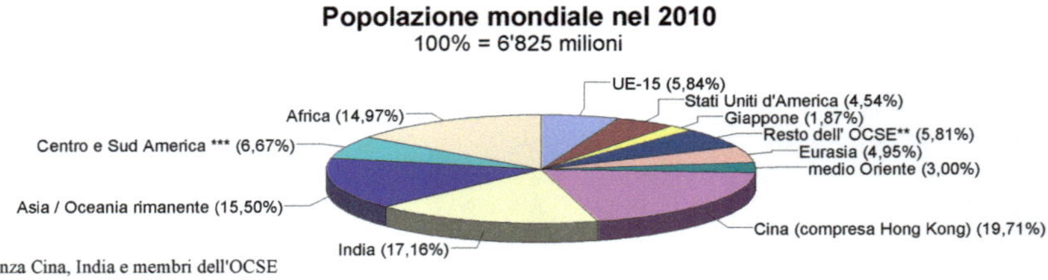

* senza Cina, India e membri dell'OCSE
** OCSE senza USA, Giappone e UE-15
*** senza Cile (membro dell'OCSE)

Figura 3.1. Distribuzione percentuale della popolazione mondiale

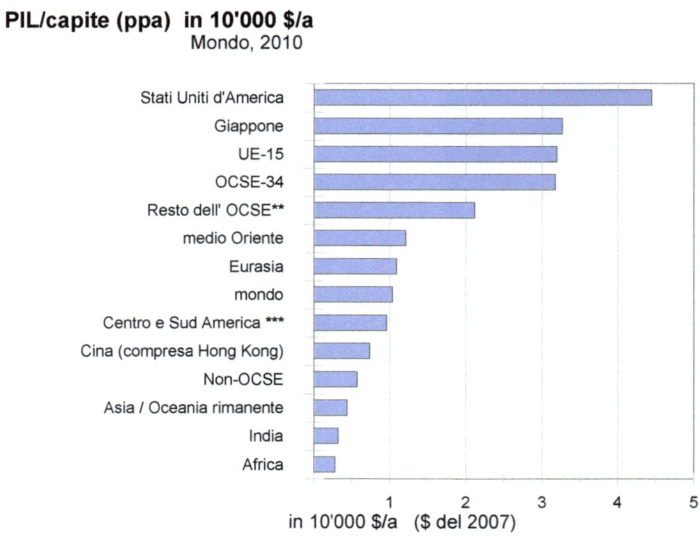

Figura 3.2. PIL (ppa) pro capite dei paesi e zone del mondo

La media globale del PIL (ppa) pro capite (figura 3.2) è di 10'400 $/a e varia da 20'000 a 45'000 $/a nel mondo industrializzato e da 2'500 a 12'000 $/a nei paesi emergenti e in via di sviluppo. Il PIL (ppa) pro capite della Cina è di 7'400 $/a, quello dell'India 3'300 $/a.

3.2 Intensità energetica nel 2010 (figura 3.3)

L'intensità energetica globale media (lordo di energia) è di 1.95 kWh/$. Differenze notevoli si osservano, indipendentemente dal grado di sviluppo economico, all'interno dell'OCSE e nel resto del mondo. L'intensità energetica degli Stati Uniti è di 1.76 kWh/$, quelle dell'UE-15 e del Giappone sono nettamente inferiori e pari a 1.25 kWh/$. Il Centro e Sud America hanno un intensità énergética di 1.43 kWh/$, inferiore alla media dell'OCSE (1.50 kWh/$). Palese è lo spreco di energia in Cina e in Medio Oriente (> 2,5 kWh/$) e soprattutto in Eurasia con 3,3 kWh/$, dovuto alla disponibilità troppo a buon mercato di combustibili fossili. Incoraggianti sono, tuttavia, i progressi compiuti nell'ultimo decennio (figura 3.3). La figura 3.3 mostra anche gli obiettivi per il 2017 e il 2030, necessari alla protezione del clima. Il valore per il 2017 si basa sul PIL (ppa) previsto per questa data dal Fondo Monetario Internazionale (FMI) [4].

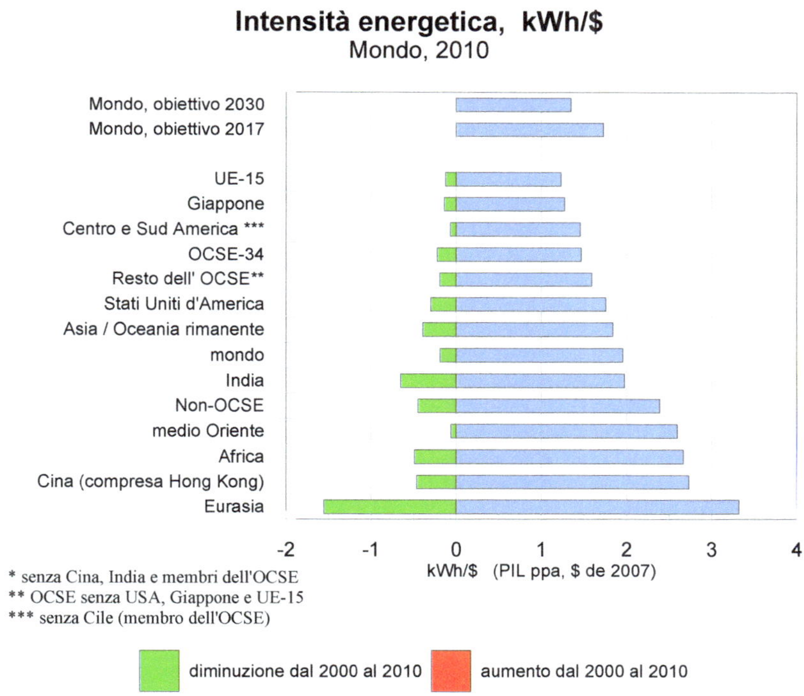

Figura 3.3. Intensità energetica delle regioni e paesi del mondo, e progressi realizzati nell'ultimo decennio

3.3 Intensità CO_2 dell'energia nel 2010 (figura 3.4)

L'intensità CO_2 mondiale è in media di 218 g CO_2/kWh e quindi leggermente superiore a quella dei paesi OCSE più avanzati. Nettamente inferiore è la media dell'Africa (123 g CO_2/kWh), la cui economia energetica si basa in parte sulla biomassa, e quella del Centro e Sud America (167 g CO_2/kWh) per l'importanza che ha in questo continente la produzione idroelettrica. Vicina alla media mondiale è la Russia, la cui industria dell'energia si basa in gran parte sul gas naturale. Si veda a questo proposito anche l'appendice. Leggermente sopra la media mondiale ritroviamo gli Stati Uniti (222 g CO_2/kWh) e fortemente sopra, il Medio Oriente e soprattutto la Cina (con 267 g CO_2/kWh). Il motivo principale è la produzione di energia elettrica basata troppo o totalmente sul petrolio o il carbone. Nell'ultimo decennio, purtroppo, notiamo un leggero aumento globale dell'intensità CO_2 dell'energia. Un'inversione di tendenza è necessaria in un futuro molto prossimo (vedi obiettivi).

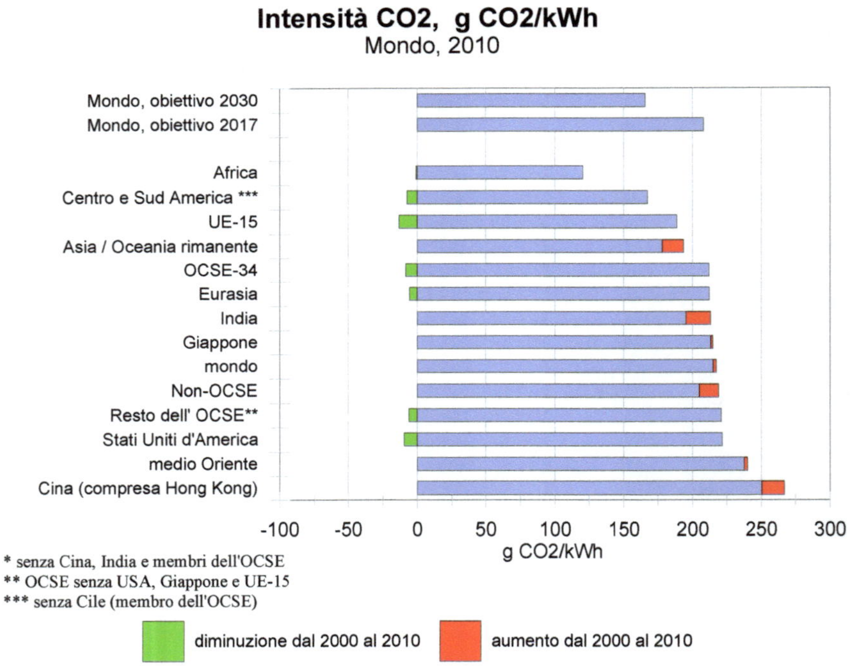

Figura 3.4. Intensità CO_2 dell'energia nelle regioni o paesi del mondo e variazioni nell'ultimo decennio

3.4 Indicatore CO_2 di sostenibilità nel 2010 (figura 3.5)

In termini di protezione del clima, la sostenibilità del consumo di energia è data dall'indicatore CO_2 ottenuto come il prodotto di intensità energetica e intensità CO_2 dell'energia. La media mondiale di questo indicatore è nel 2010 di 425 g CO_2/\$. A meno di 300 g CO_2/\$ ritroviamo l'UE-15, il Centro e Sud America e il Giappone. Gli Stati Uniti sono con 389 g CO_2/\$ poco sotto la media mondiale. In netto ritardo, con grande bisogno di ricupero, sono la Cina e l'Eurasia ($\geq$ 700 g CO_2/\$, nonostante notevoli progressi), e il Medio Oriente (624 g CO_2/\$). Gli obiettivi richiedono maggiori sforzi, ma non sembrano fuori portata, se in tutte le regioni del mondo ci si prepara in tempo per il decennio 2020 – 2030.

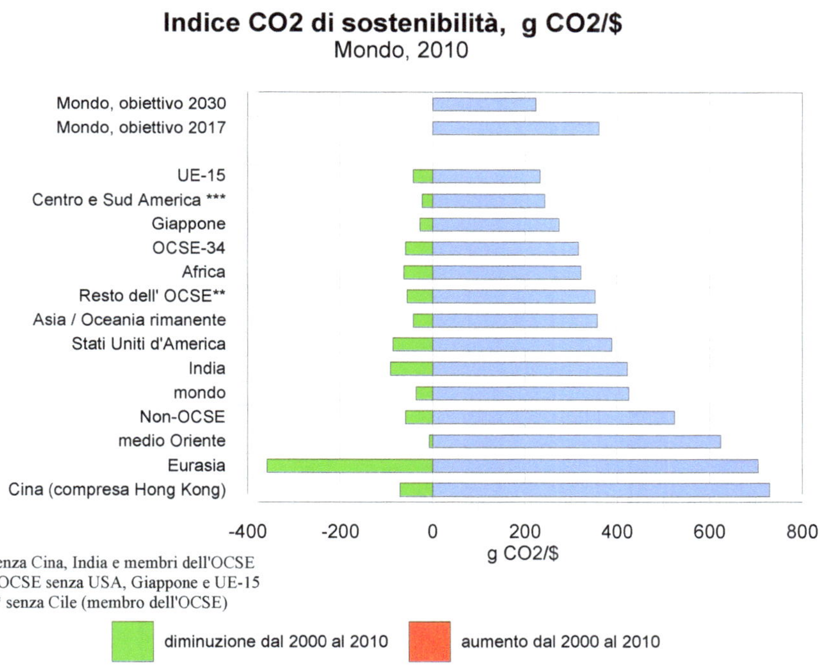

Figura 3.5. Indicatore di sostenibilità CO_2 per regione o paese del mondo e progressi nell'ultimo decennio

3.5 Indicatori necessari nel 2030

Per stabilizzare il clima (sezioni 1 e 2), le emissioni globali di CO_2 nel 2030 non dovrebbero superare le 27'000 Mt (senza bunkeraggi marini e aereonautici). Assumendo un PIL (ppa) di 125'000 miliardi ($ del 2007), si ottiene per questa data un indicatore CO_2 di sostenibilità $\eta = 216$ g CO_2/$. La figura 3.6 mostra il grafico degli indicatori reali dal 1980 al 2010 e l'estrapolazione fino al 2030, necessaria alla protezione del clima.

I valori per il 2017 tengono conto di un PIL (ppa) globale di 91'000 miliardi di $ ($ del 2007) previsto per questa data dal FMI (Fondo Monetario Internazionale).

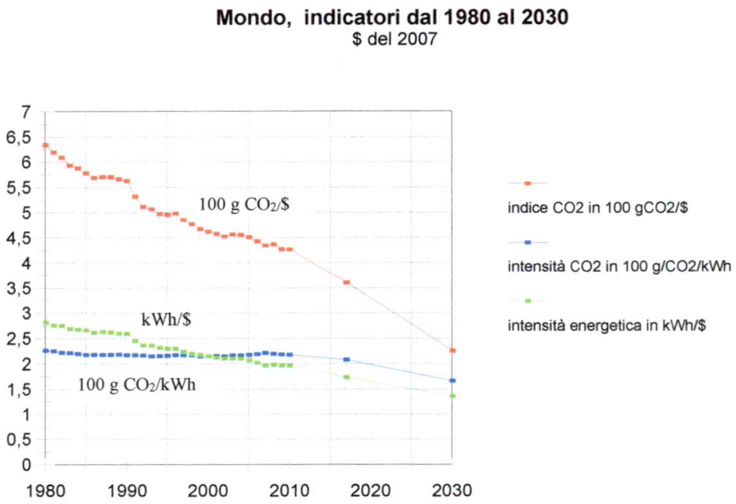

Figura 3.6. Indicatori mondiali dal 1980 al 2010 e scenario fino al 2030 per la protezione del clima

Con questo scenario il fabbisogno di energia nel 2030 sarebbe al lordo di 14'500 Mtep, o 19.2 TWa, dunque leggermente superiore allo scenario 450 dell'AIE della figura 1. Secondo la figura 3.6, l'intensità energetica deve migliorare rispetto al 2010 per un fattore di 0.69 e l'intensità CO_2 per un fattore di 0.76, con un conseguente miglioramento dell'indice di sostenibilità CO_2 di un fattore 0.52. Questi miglioramenti non sono irrealistici e anche tangibili se in tutte le parti del mondo, l'efficienza energetica aumenta e i cambiamenti strutturali, particolarmente per la produzione di energia elettrica, fanno progressi (figura 2, sezione 2.1) accentuando la diminuzione dell'intensità CO_2 dell'energia. Gli indicatori globali pro capite per l'energia e per le emissioni di CO_2 nel 2030, sarebbero allora:

$e = 2,33$ kW/capite. (come nel 2010) e
$\alpha = 3,4$ t CO_2/capite. (diminuzione del 23% rispetto al 2010).

L'evoluzione mondiale corrispondente delle emissioni di CO_2 è rappresentata nella figura 3.7. La ripartizione nelle differenti regioni del mondo è stimata e illustrata nei capitoli che seguono.

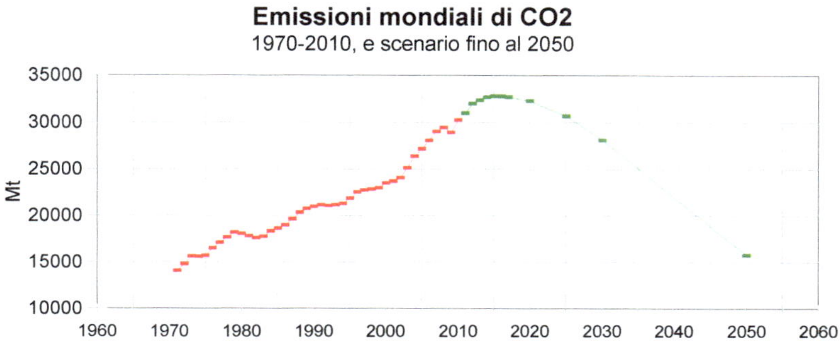

Figura 3.7. Emissioni mondiali di CO_2 dal 1970 al 2010 e scenario fino al 2050 per la protezione del clima (bunkeraggi marittimi e aereonautici inclusi)

3.6 Indicatori necessari nel 2050

Dimezzare le emissioni di CO_2, (a 14'000 Mt, senza bunkeraggi), nei 20 anni seguenti, richiede un notevole sforzo supplementare. Non sembra impossibile, se i miglioramenti dell'efficienza energetica e delle strutture per la produzione di energia elettrica, intrapresi fino al 2030, saranno coronati da successo e perseguiti con determinazione.

Per stimare gli indicatori, ammettiamo per il 2050 una popolazione mondiale di 9.3 miliardi e un PIL (ppa) di 185'000 miliardi di dollari (del 2007), ciò che corrisponde a un tasso d'incremento del 2%/a, partendo dal 2030. Ammettiamo che il fabbisogno lordo di energia aumenti ancora, ma più lentamente, fino a 23 TWa (tasso d'incremento inferiore all' 1%/a). Si ottengono allora gli indicatori mondiali seguenti :

- intensità energetica $\varepsilon \approx 1.1$ kWh/ $ (incremento dell'efficienza del 40 %),
- intensità CO_2 $k \approx 75$ g CO_2/kWh (forte riduzione con fattore 0.47),
- indicatore di sostenibilità $\eta \approx 83$ g CO_2/$.

Dal 2030 in poi, l'obiettivo principale deve essere la riduzione dell'intensità CO_2 dell'energia. Gli indicatori pro capite per energia ed emissioni di CO_2 nel 2050, sarebbero allora:

$e \approx 2{,}2$ kW/capite (leggera diminuzione rispetto al 2030) e

$\alpha = 1{,}6$ t CO_2/capite (forte diminuzione di circa il 50% rispetto al 2030).

4 OCSE-34

4.1 Popolazione e prodotto interno lordo nel 2010

I 34 paesi dell'Organizzazione per la Cooperazione e lo Sviluppo Economico (OCSE), hanno in totale nel 2010 una popolazione di 1232 milioni che corrisponde a 18 % della popolazione mondiale (figura 4.1). Generano un PIL (ppa) pari a circa 39'100 miliardi di $ ($ del 2007) equivalente a 55 % del PIL (ppa) mondiale. Gli attori principali sono l'UE-15, gli Stati Uniti e il Giappone che insieme, con 68 % della popolazione dell'OCSE, producono il 79 % del PIL (ppa).

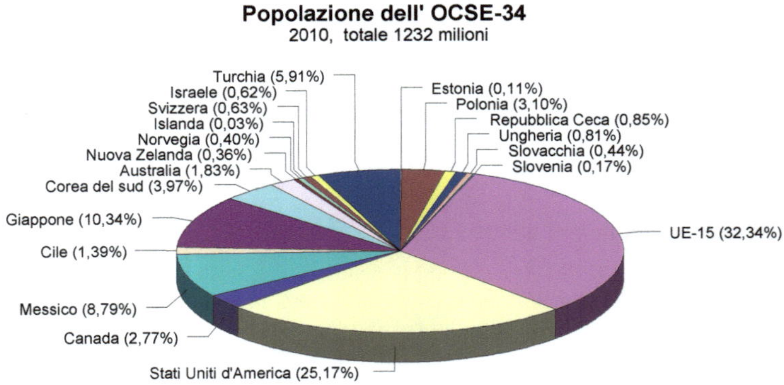

Figura 4.1. Distribuzione percentuale della popolazione dell'OCSE-34

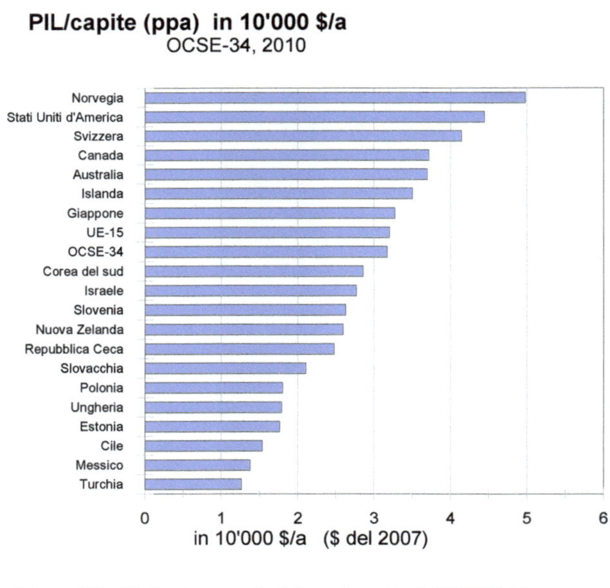

Figura 4.2. PIL (ppa) pro capite dei paesi membri dell'OCSE-34

Il PIL (ppa) per abitante (figura 4.2) è in media di 31'700 \$, e varia da 50'000 \$ in Norvegia a 12'700 \$ in Turchia. I leader sono, oltre la Norvegia, gli Stati Uniti e la Svizzera. Oltre la Turchia, hanno un potere d'acquisto nettamente inferiore, il Messico, il Cile e diversi paesi dell'Europa dell'est (Estonia, Polonia, Slovacchia, Ungheria) tutti fra 12'000 e 21'000 \$ per abitante e anno.

4.2 Intensità energetica nel 2010 (figura 4.3)

L'intensità energetica (relativa al fabbisogno lordo) dei paesi dell'OCSE è in media di 1.50 kWh/\$; è quindi nettamente inferiore alla media mondiale. L'ottimo valore della Svizzera (0.92 kWh/\$) e i buoni valori di Norvegia, Giappone e dell'UE-15 ($\leq$ 1.30 kWh/\$) sono attenuati dalla scarsa efficienza energetica di Stati Uniti, Corea del Sud (1.76 kWh/\$) e del Canada (2.1 kWh /\$). Il valore estremo dell'Islanda (5.2 kWh/\$) è giustificato dal clima freddo ma anche dalla grande disponibilità delle fonti di energia idroelettrica e geotermica (esenti di CO_2 e quindi climaticamente irrilevanti). La figura mostra anche gli obiettivi per il 2017 e il 2030. I dettagli riguardanti i paesi dell'UE-15 sono riportati al capitolo 5.

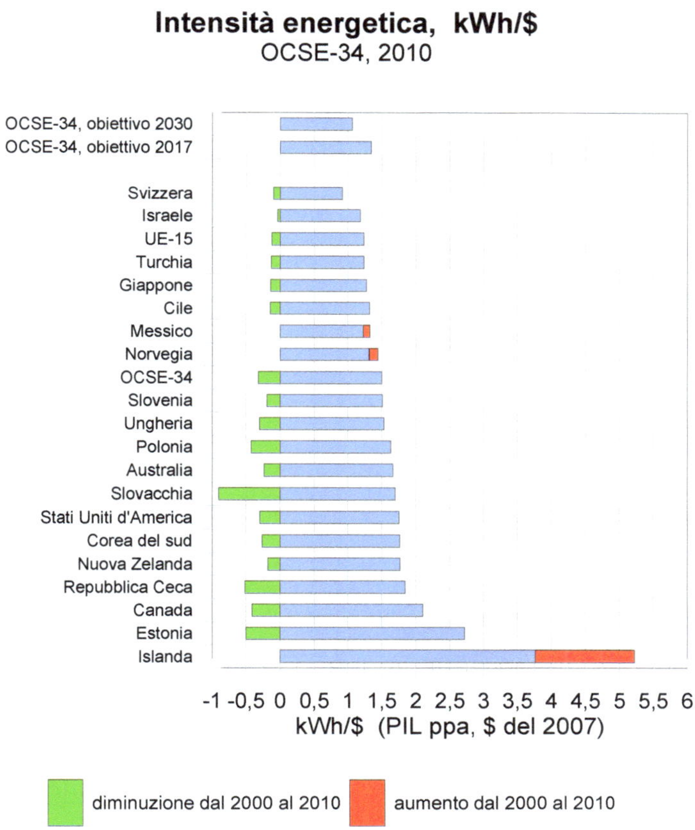

Figura 4.3. Intensità energetica delle regioni e paesi dell'OCSE e evoluzione nell'ultimo decennio

4.3 Intensità CO_2 dell'energia nel 2010 (figura 4.4)

Il valore dell'Islanda (33 g CO_2/kWh) è particolarmente basso grazie alle risorse idriche e geotermiche. Anche la Norvegia, la Svizzera e la Nuova Zelanda hanno valori bassi (inferiori o poco superiori a 150 g CO_2/kWh) in virtù della loro produzione di elettricità per via idroelettrica o con le energie idrica + nucleare o geotermica. La media dell'intensità CO_2 dell'OCSE nel 2010 è di 212 g CO_2/kWh. Gli Stati Uniti hanno un valore leggermente superiore (222 g CO_2/kWh). Le intensità CO_2 dell'Estonia, di Israele, Polonia e Australia (superiori a 270 g CO_2/kWh) richiedono un netto miglioramento. Il motivo principale per il valore elevato, è l'importanza che in questi paesi hanno le centrali a carbone per la produzione dell'energia elettrica. L'obiettivo da raggiungere nel 2030 si basa su un contributo OCSE di 8'900 Mt alle emissioni globali di 27'000 Mt di CO_2.

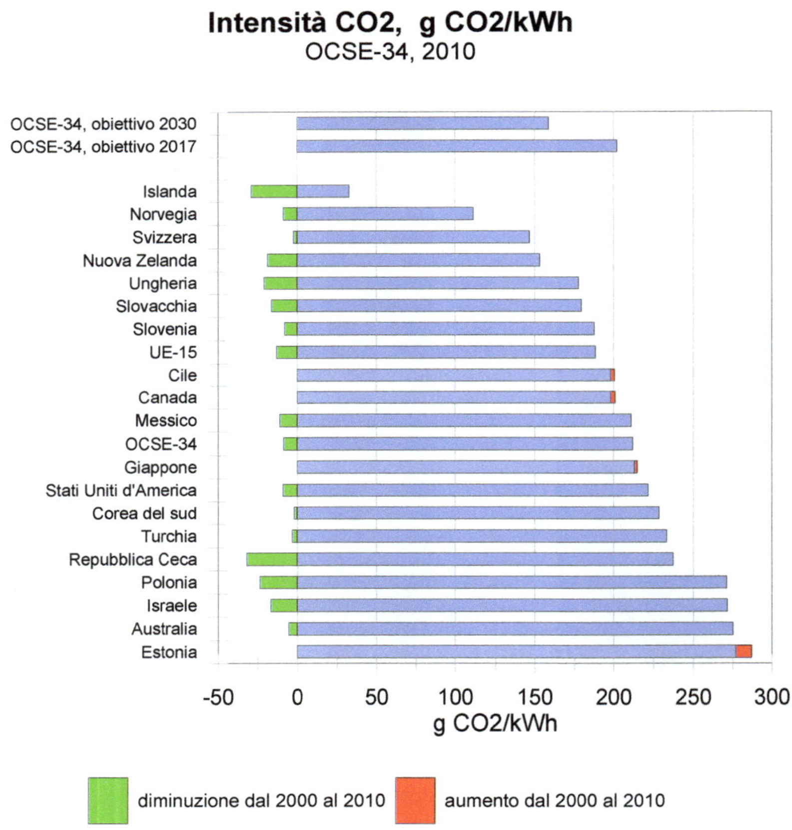

Figura 4.4. Intensità CO_2 dell'energia dei paesi dell'OCSE e variazioni nell'ultimo decennio

4.4 Indicatore CO_2 di sostenibilità nel 2010 (figura 4.5)

La sostenibilità dell'economia energetica è caratterizzata dal prodotto: intensità energetica × intensità CO_2 dell'energia. Il valore dell'indicatore CO_2 così ottenuto è per l'OCSE di 318 g CO_2/\$. Valori inferiori a 200 g CO_2/\$ si ritrovano solo in Svizzera (leader con 163 g CO_2/\$), in Norvegia, in Islanda e in alcuni paesi dell'UE-15 come la Svezia e la Francia. I motivi sono già stati citati (produzione di energia elettrica prevalentemente con centrali idroelettriche, nucleari e geotermiche). All'altra estremità della scala si ritrovano paesi che producono energia elettrica in prevalenza con carbone: Stati Uniti (389 g CO_2/\$), la Polonia, la Repubblica Ceca e l'Australia (più di 400 g CO_2/\$) e l'Estonia (> 700 g CO_2/\$), o che hanno scarsa efficienza energetica (Canada 423 g di CO_2/\$, in parte anche per ragioni climatiche).

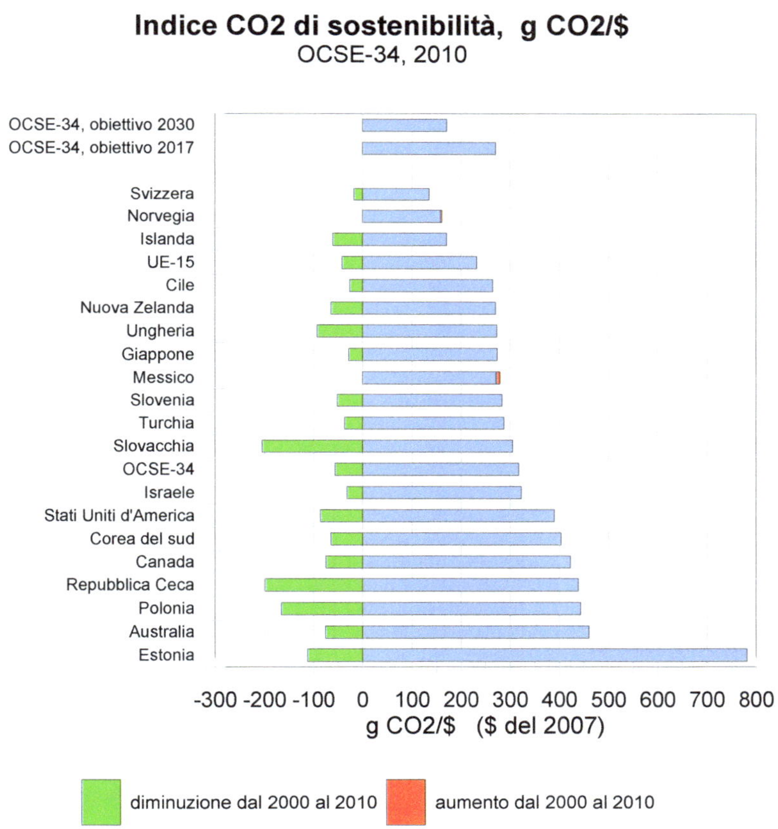

Figura 4.5. Indicatore di sostenibilità CO_2 dei paesi dell'OCSE e progressi nell'ultimo decennio

L'evoluzione dell'indice di sostenibilità è mostrata con più dettagli nella figura 4.6 per i periodi 2000-2008 e 2008-2010. Negli ultimi due anni, a causa della crisi economica, si nota un rallentamento dello sviluppo positivo e in alcuni paesi addirittura un peggioramento.

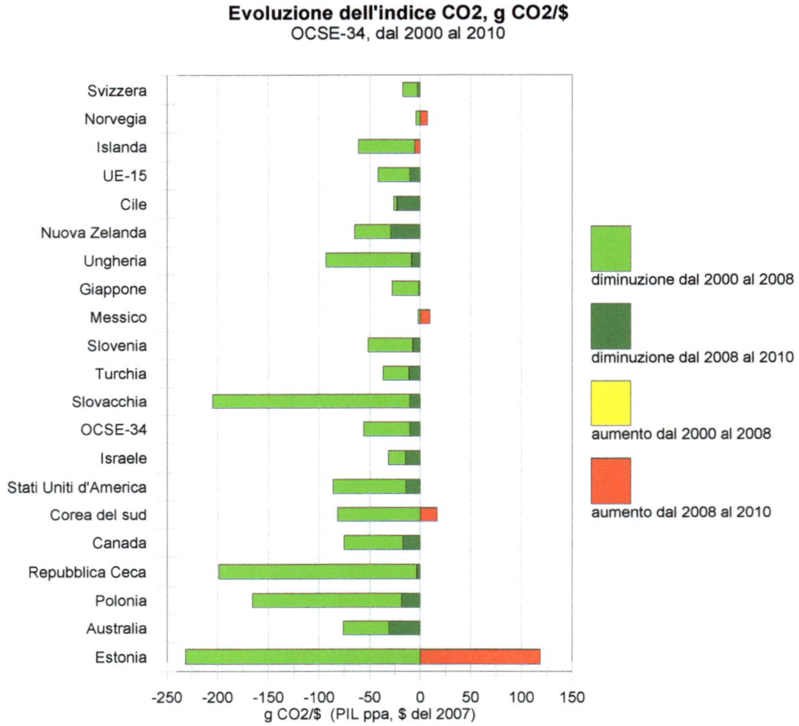

Figura 4.6. Evoluzione dell'indice CO_2 dal 2000 al 2008 e dal 2008 al 2010 per i paesi dell'OCSE-34

4.5 Indicatori necessari nel 2030

Per stabilizzare il clima, le emissioni globali di CO_2 nel 2030 non dovrebbero superare le 27'000 Mt (esclusi i bunkeraggi marittimi e aereonautici). La parte dell'OCSE è stata fissata in quest'analisi a 8'900 Mt. Ipotizzando un PIL (ppa) di 52'000 miliardi ($ del 2007), si ottiene un indicatore di sostenibilità CO2 di η = 171 g CO_2/$. Il grafico effettivo dal 1980 al 2010 e lo scenario necessario alla protezione del clima fino al 2030 sono illustrati nella figura 4.7.

I valori per il 2017 tengono conto di un PIL (ppa) di 44'300 miliardi di dollari ($ del 2007), PIL stimato per questa data dal FMI (Fondo Monetario Internazionale).

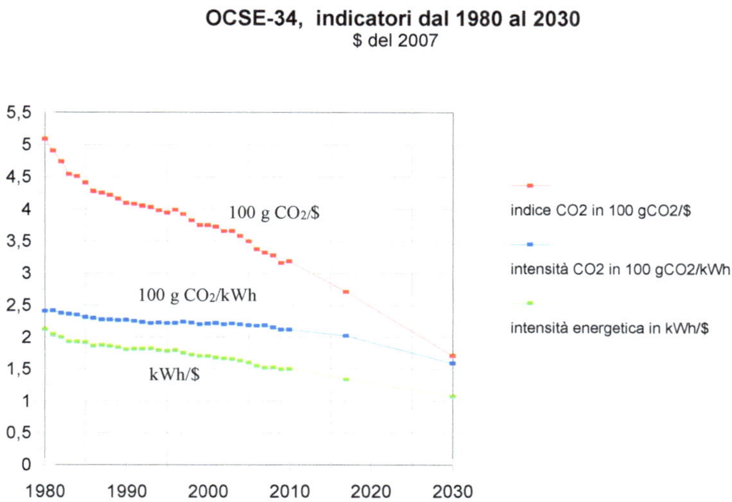

Figura 4.7. Indicatori dell'OCSE-34 dal 1980 al 2010 e scenario fino al 2030 necessario per la protezione del clima

Con questo scenario il fabbisogno lordo di energia nel 2030 è di 4'800 Mtep. Gli indicatori pro capite per l'energia e per le emissioni di CO_2 diventano:

e = 4.8 kW/capite (diminuzione del 12% rispetto al 2010) e

α = 6.6 t CO_2/capite (diminuzione del 34% rispetto al 2010).

L'evoluzione del totale delle emissioni di CO_2 dei paesi dell'OCSE è rappresentata nella figura 4.8.

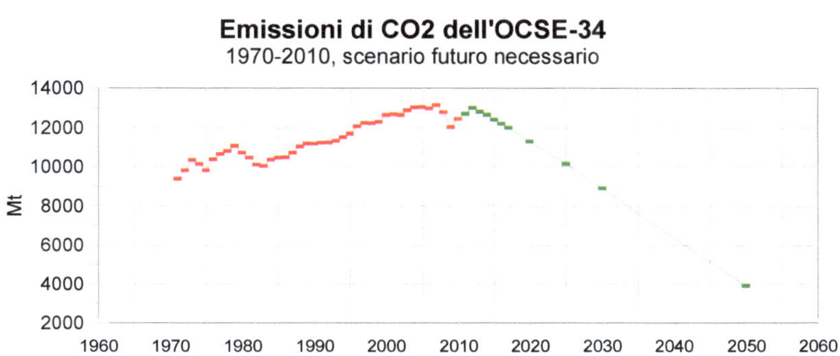

Figura 4.8. Emissioni effettive di CO_2 dell'OCSE-34 dal 1970 al 2010 e scenario fino al 2050 necessario per la protezione del clima

5 Unione europea, UE-27

5.1 Popolazione e prodotto interno lordo nel 2010

L'Unione europea è composta di 27 paesi con mezzo miliardo di abitanti (figura 5.1). Essa genera un prodotto interno lordo (PIL ppa) di circa 14'500 miliardi ($ del 2007), ciò che corrisponde al 21% del PIL (ppa) mondiale. I sei paesi più popolosi (Germania, Francia, Regno Unito, Italia, Spagna e Polonia) forniscono con il 70% della popolazione dell'UE il 73% del PIL (ppa). I 15 paesi della UE-15 (che sono membri dell'OCSE) generano con il 79% della popolazione l'88% del PIL (ppa) dell'UE-27.

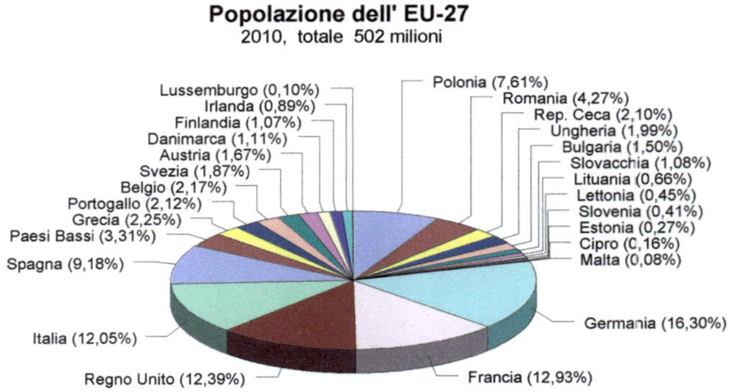

Figura 5.1. Distribuzione percentuale della popolazione dell'UE-27

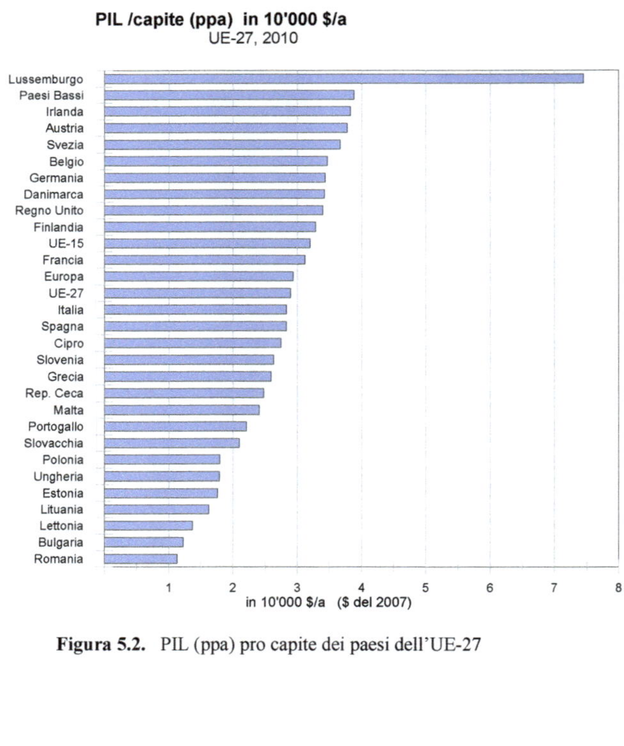

Figura 5.2. PIL (ppa) pro capite dei paesi dell'UE-27

Il PIL (ppa) pro capite (figura 5.2) è in media di 29'000 $/anno e varia (fatta eccezione per il caso speciale del Lussemburgo con moltissimi pendolari) tra i $ 38'900 nei Paesi Bassi e $ 11'300 in Romania. I sei paesi più popolosi sono tutti, con l'eccezione della Polonia ($ 18'000), tra 28'000 e 35'000 $/anno. (Il termine "Europa" nel grafico significa UE-27 + Islanda + Norvegia + Svizzera).

5.2 Intensità energetica nel 2010 (figura 5.3)

L'intensità energetica dà una misura dell'energia lorda necessaria all'economia per produrre il PIL (ppa). La media dell'Unione è di 1.29 kWh/$. L'UE-15, con 1.23 kWh/$, è leggermente più efficiente. L'intensità energetica dipende anche dal clima. I Paesi del Sud (come l'Italia, la Grecia, la Spagna e il Portogallo) hanno un'intensità energetica minore rispetto ai paesi nordici (Finlandia, Svezia, Estonia). Le differenze da un paese all'altro possono essere notevoli. Ad esempio, l'Irlanda richiede meno di 1 kWh/$ mentre l'Estonia arriva a circa 2.7 kWh. Il grafico indica in particolare anche gli obiettivi per il 2017 (in base alla stima del PIL del FMI) e per il 2030, necessari alla stabilizzazione del clima.

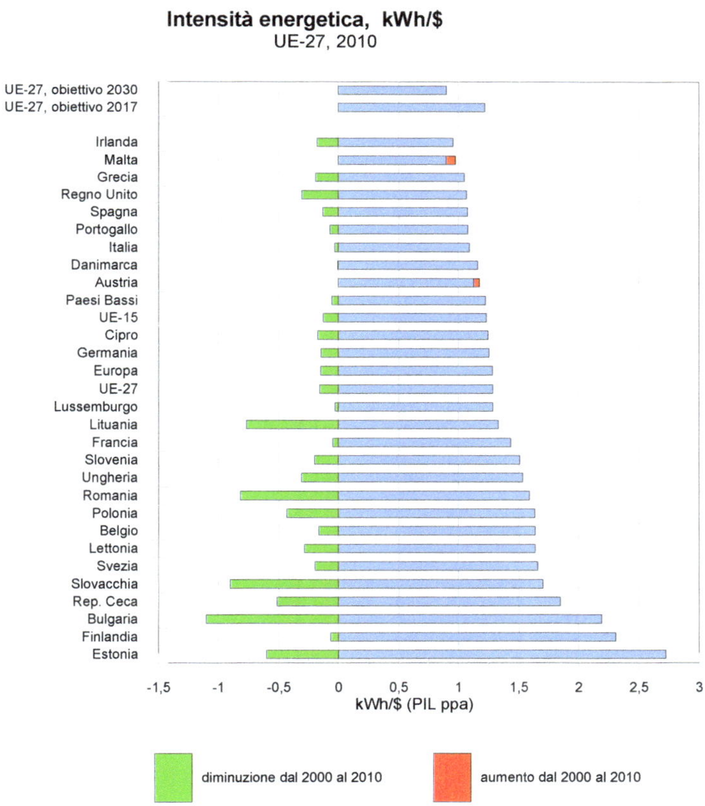

Figura 5.3. Intensità energetica dei paesi dell'UE-27 e progressi nell'ultimo decennio

5.3 Intensità CO_2 dell'energia nel 2010 (figura 5.4)

L'energia è nociva al clima solo se la sua intensità CO_2 è alta. La media dell'Unione europea è di 196 g CO_2/kWh, nell'UE-15 è leggermente inferiore (189 g CO_2/kWh). Le differenze tra i paesi sono grandi e vanno da 83 g CO_2/kWh in Svezia fino a 287 g CO_2/kWh e più in Polonia, Grecia e Estonia. Il tipo di generazione di energia elettrica é un fattore decisivo. I paesi più avanzati sono quelli che producono l'elettricità in modo idroelettrico e nucleare (Svezia, Francia). Un bilancio CO_2 meno buono, è presentato da quelli la cui produzione di elettricità si basa soprattutto sul carbone il petrolio e il gas naturale (Polonia, Regno Unito, Italia, Germania Spagna, per non citare che i paesi demograficamente importanti). Il deterioramento in Lituania è il risultato dell'arresto della centrale nucleare.

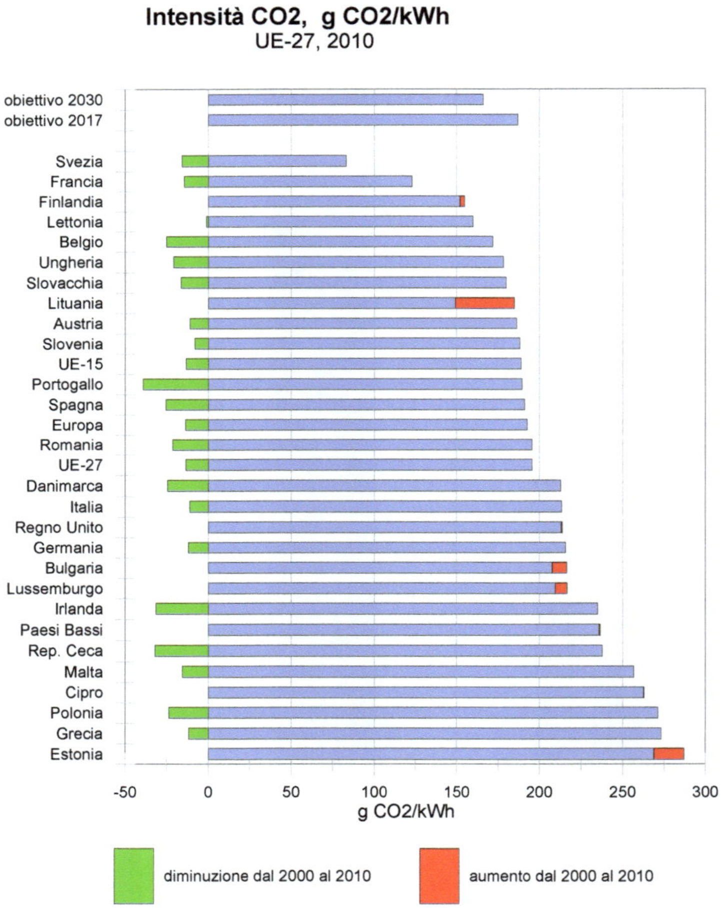

Figura 5.4. Intensità CO_2 nell'UE-27 e cambiamenti negli ultimi dieci anni

5.4 Indice CO_2 di sostenibilità nel 2010 (figura 5.5)

Per valutare complessivamente la sostenibilità dell'economia energetica rispetto al cambiamento climatico, si deve tener conto dei due fattori: intensità energetica e intensità CO_2 dell'energia. Il prodotto delle due grandezze dà l'indicatore CO_2 espresso in g CO_2/ \$. La media dell'UE-27 è di 252 g CO_2/\$, quella dell'UE-15 di 233 g CO_2/\$. Nettamente al di sotto di 200 g CO_2/\$ sono la Svezia e la Francia, poco sopra la Spagna e l'Austria. Meno sostenibile è l'economia energetica della Germania con 271 g CO_2/\$, e tutt'altro che sostenibile quella di certi paesi dell'Europa dell'Est come la Polonia e la Repubblica Ceca (439 g CO_2/\$), la Bulgaria (474 g CO_2/\$) e l'Estonia (> 700 g CO_2/\$). L'effetto del clima locale é evidente (riscaldamento necessario) e sarebbe opportuno introdurre un bonus o malus climatico.

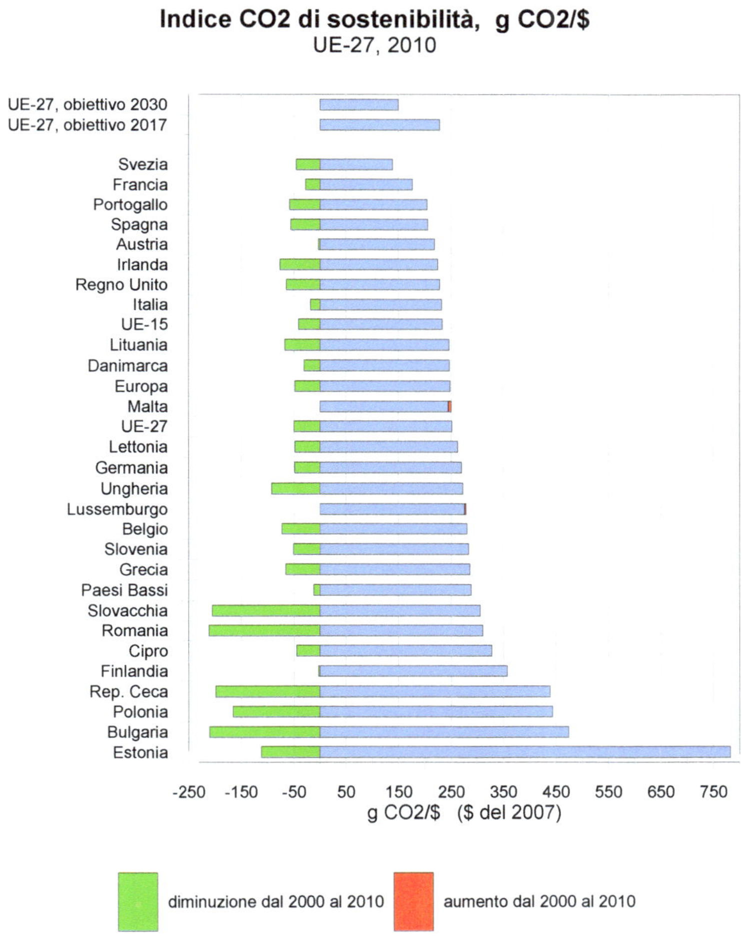

Figura 5.5. Indicatori CO_2 di sostenibilità dei paesi del l'UE-27 e progressi dal 2000 al 2010

L'evoluzione dell'indice di sostenibilità è mostrata con più dettagli nella Figura 5.6 per i periodi 2000-2008 e 2008-2010. Anche nell'UE-27 si nota, negli ultimi due anni, a causa della crisi economica, un rallentamento dello sviluppo positivo e soprattutto in alcuni paesi baltici un peggioramento.

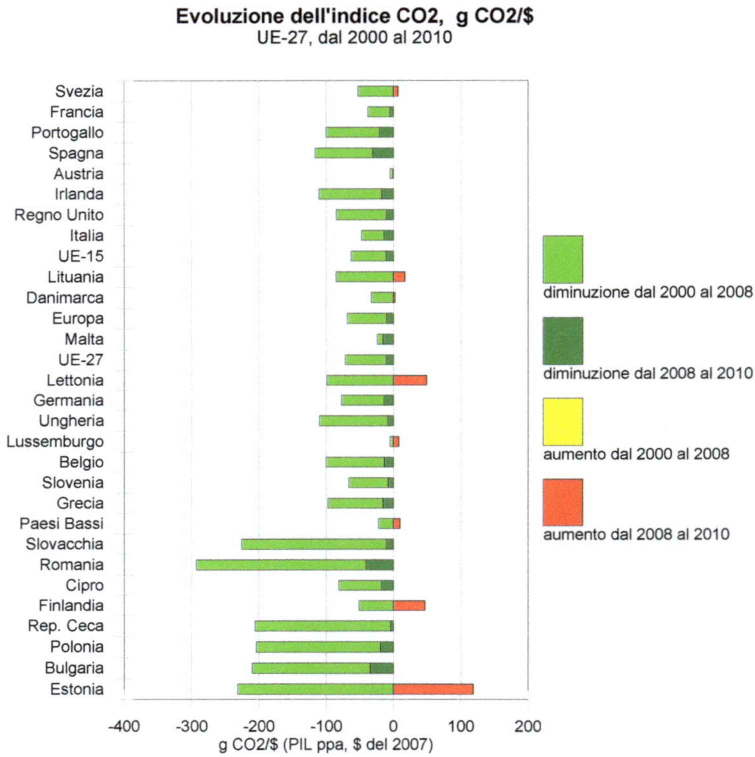

Figura 5.6. Evoluzione dell'indice CO_2 dal 2000 al 2008 e dal 2008 al 2010 per i paesi de ll' UE-27

5.5 Indicatori necessari nel 2030

Per stabilizzare il clima, le emissioni globali di CO_2 nel 2030 non dovrebbero superare le 27'000 Mt (esclusi i bunkeraggi marittimi e aereonautici). La parte dell'UE-27 è stata fissata in quest'analisi a 2'700 Mt. Ipotizzando un PIL (ppa) di 18'000 miliardi ($ del 2007), si ottiene un indicatore di sostenibilità CO2 di η = 150 g CO_2/$. Il grafico effettivo dal 1980 al 2010 e lo scenario necessario alla protezione del clima fino al 2030 sono illustrati nella Figura 5.7.

I valori per il 2017 tengono conto di un PIL (ppa) di 15'600 miliardi di dollari ($ del 2007), PIL stimato per questa data dal FMI (Fondo Monetario Internazionale).

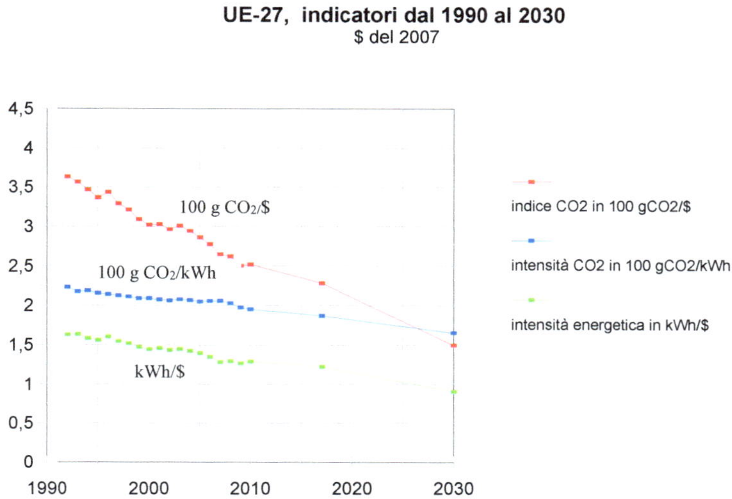

Figura 5.7. Indicatori dell'UE-27 dal 1980 al 2010 e scenario fino al 2030 necessario per la protezione del clima

Con questo scenario il fabbisogno lordo di energia nel 2030 è di 1'400 Mtep. Gli indicatori pro capite per l'energia e per le emissioni di CO_2 diventano nel 2030:

e = 3.6 kW/capite (diminuzione del 16% rispetto al 2010) e

α = 5.4 t CO_2/capite (diminuzione del 26% rispetto al 2010).

L'evoluzione del totale delle emissioni di CO_2 dei paesi dell'UE-27 è rappresentata nella figura 5.8.

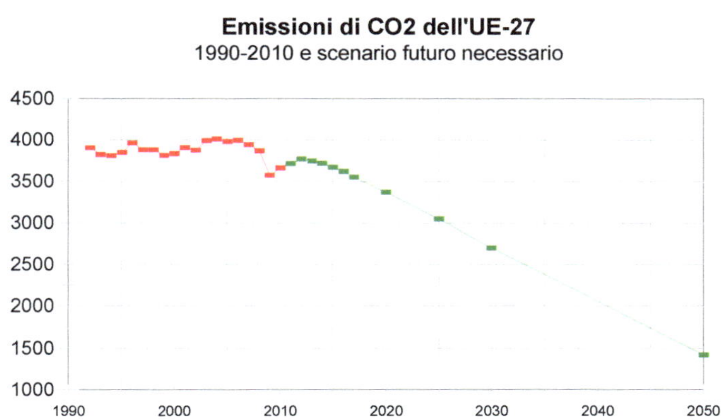

Figura 5.8. Emissioni effettive di CO_2 dell'UE-27 dal 1970 al 2010 e scenario fino al 2050 per la protezione del clima

6 Medio Oriente

6.1 Popolazione e prodotto interno lordo nel 2010

Il Medio Oriente genera con 205 milioni di abitanti (senza Israele che fa parte dell' OCSE) un PIL (ppa) di circa 2'480 miliardi $/a, di cui il 49 % sono forniti dall'Arabia Saudita e dagli Stati del Golfo (dall'Oman al Kuwait), che insieme hanno il 21% de la popolazione della regione (figure 6.1). L'Iran, lo stato più popoloso, fornisce il 36 % del PIL. Il resto (15 % del PIL) proviene dai paesi restanti (Iraq, Siria, Yemen, Giordania e Libano) che insieme hanno il 43 % della popolazione.

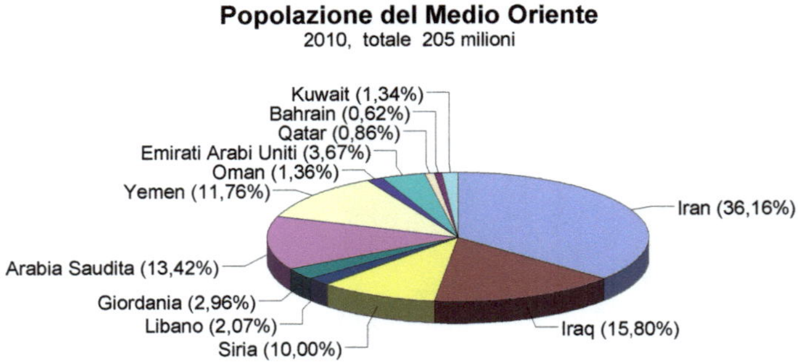

Figura 6.1. Distribuzione percentuale della popolazione del Medio Oriente

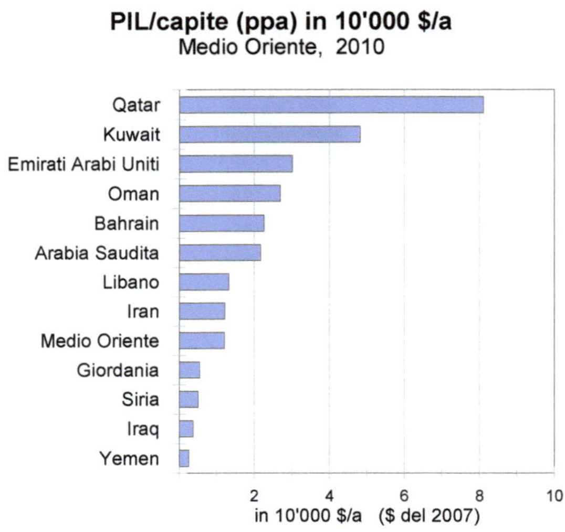

Figura 6.2. PIL (ppa) pro capite dei paesi del Medio Oriente

Il PIL (ppa) pro capite medio della regione è di $ 12'100/a (figura 6.2), quindi leggermente inferiore alla media mondiale. Lo squilibrio tra ricchi e poveri è molto grande. I primi, raggiungono un PIL (ppa) di $ 20'000 a 50'000 /a, che corrisponde al livello di UE e OCSE. Il potere d'acquisto degli ultimi, per contro, è tra 2'000 e 13'000 $ /a.

6.2 Intensità energetica nel 2010 (figura 6.3)

L'intensità energetica media di circa 2.6 kWh $ è nettamente più elevata della media mondiale e mostra un enorme spreco di energia, particolarmente in Arabia Saudita e negli Stati del Golfo. Il valore alto dell'Iraq va preso con cautela a causa della situazione di guerra e dei problemi persistenti. La migliore efficienza energetica la presenta il Libano, con un valore inferiore a 1.5 kWh /$, paragonabile a quello dell'Europa.

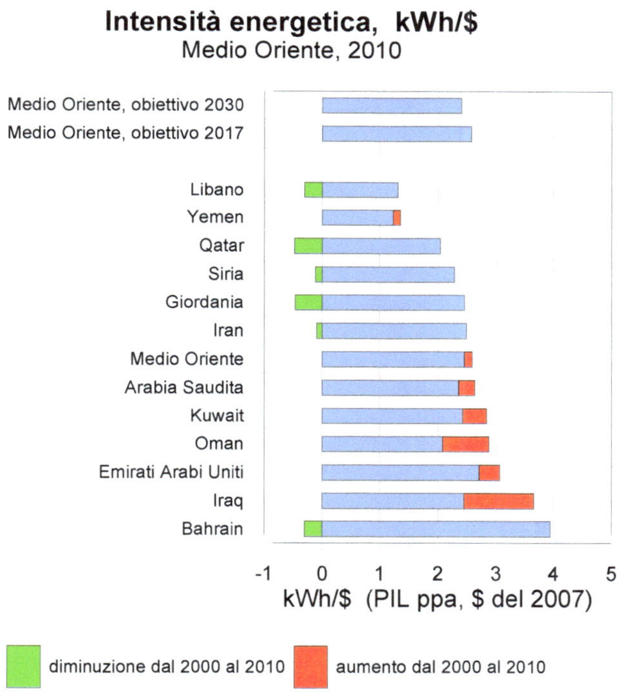

Figura 6.3. Intensità energetica dei paesi del Medio Oriente, variazioni nell'ultimo decennio

6.3 Intensità CO_2 dell'energia nel 2010 (figura 6.4)

L'intensità CO_2 media di 240 g CO_2/kWh è leggermente al di sopra della media mondiale di 220 g CO_2/kWh. Le differenze da un paese all'altro non sono molto grandi. L'Arabia Saudita è l'ultima della classe con più di 250 g CO_2/kWh e il maggior responsabile del bilancio negativo della regione. Un miglioramento significativo potrebbe essere raggiunto in Medio Oriente con CSC (cattura e stoccaggio del carbonio) e la realizzazione di centrali termiche solari.

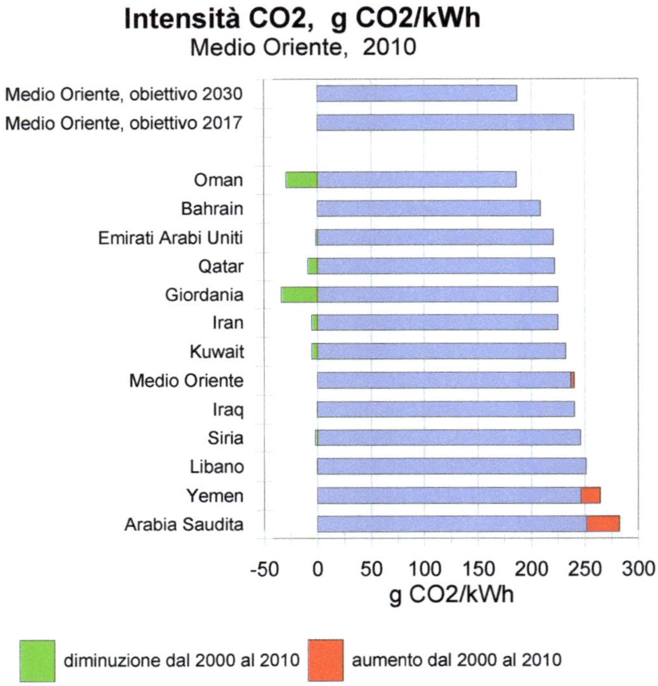

Figura 6.4. Intensità CO_2 dell'energia dei paesi del Medio Oriente, variazioni nell'ultimo decennio

6.4 Indicatore CO_2 di sostenibilità nel 2010 (figura 6.5)

Con un valore medio di 640 g CO_2/$ (per confronto, OCSE: 320 g CO_2/$) l'economia energetica del Medio Oriente non è per niente sostenibile. Soprattutto gli Stati del Golfo, ma anche l'Arabia Saudita e l'Iran dovrebbero, nonostante la ricchezza di petrolio, arrivare a una gestione più razionale dell'energia aumentando notevolmente l'efficienza energetica. Con CSC e l'uso di energia solare, abbondante in questa regione, anche l'intensità CO_2 potrebbe essere nettamente migliorata.

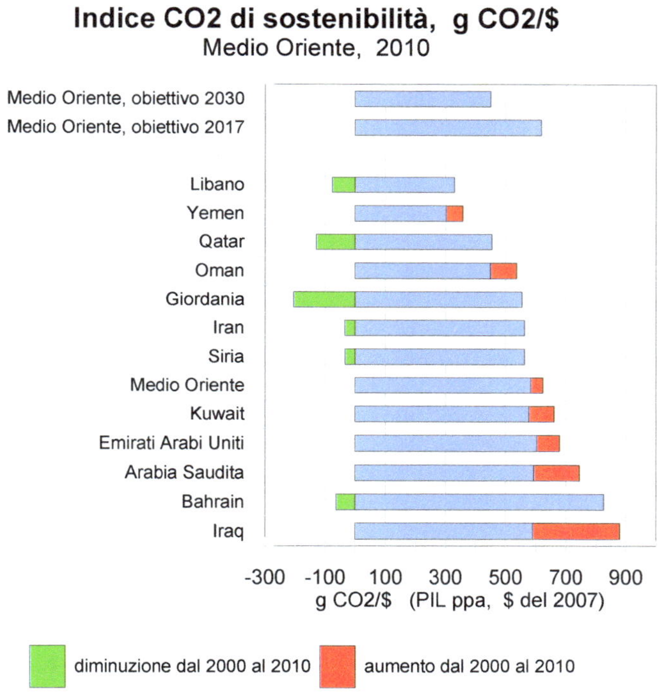

Figura 6.5. Indicatore di sostenibilità CO_2 dei paesi del Medio Oriente e variazioni nell'ultimo decennio

L'evoluzione dell'indice di sostenibilità è mostrata con più dettagli nella Figura 6.6 per i periodi 2000-2008 e 2008-2010. Nel complesso la tendenza è negativa, determinata principalmente dall'Arabia Saudita e dalla maggior parte degli Stati del Golfo, anche se alcuni paesi (Giordania, Bahrein, Qatar e Iran e in una certa misura il Libano) migliorano l'immagine. Nei prossimi anni, la Siria sarà statisticamente difficile da identificare.

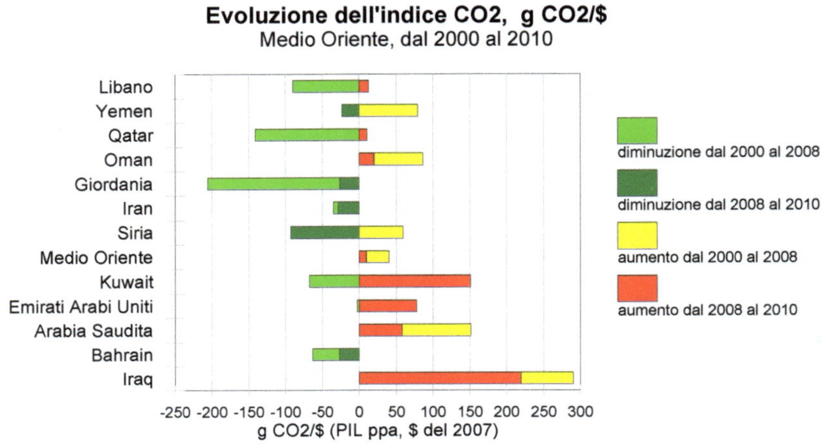

Figura 6.6. Evoluzione dell'indice CO_2 dal 2000 al 2008 e dal 2008 al 2010 per i paesi del medio Oriente

6.5 Indicatori necessari nel 2030

Per stabilizzare il clima, le emissioni globali di CO_2 nel 2030 non dovrebbero superare le 27'000 Mt. La parte del Medio Oriente è stata fissata in quest'analisi a 1'800 Mt. Ammettendo un PIL (ppa) di 4'100 miliardi ($ del 2007), si ottiene un indicatore di sostenibilità CO_2 di η = 439 g CO_2/$. Il grafico effettivo dal 1980 al 2010 e lo scenario necessario alla protezione del clima fino al 2030 sono illustrati dalla figura 6.7.

I valori per il 2017 tengono conto di un PIL (ppa) di 3'000 miliardi di dollari ($ del 2007), PIL stimato per questa data dal FMI (Fondo Monetario Internazionale).

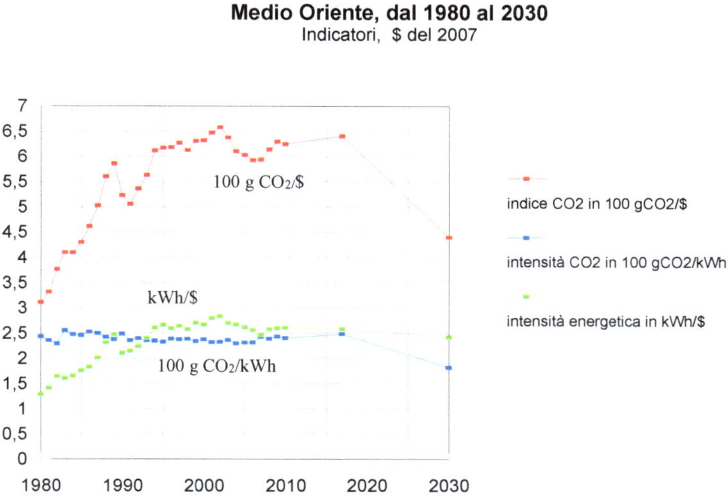

Figura 6.7. Indicatori effettivi del Medio Oriente dal 1980 al 2010 e scenario fino al 2030 necessario per la protezione del clima

Con questo scenario il fabbisogno lordo di energia nel 2030 è di 850 Mtep. Gli indicatori pro capite per l'energia e per le emissioni di CO_2 diventano nel 2030:

e = 4.0 kW/capite (aumento del 12% rispetto al 2010) e

α = 6.43 t CO_2/capite (diminuzione del 15% rispetto al 2010).

L'evoluzione del totale delle emissioni di CO_2 del Medio Oriente è rappresentata nella figura 6.8.

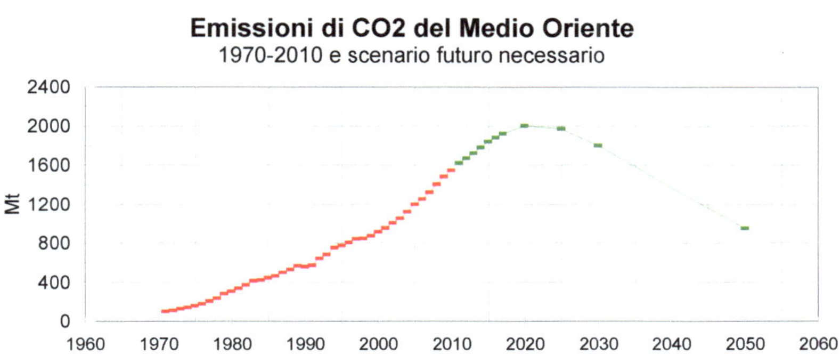

Figura 6.8. Emissioni effettive di CO_2 del Medio Oriente dal 1970 al 2010 e scenario fino al 2050 necessario per la protezione del clima

7 Eurasia*

7.1 Popolazione e prodotto interno lordo nel 2010

Per Eurasia intendiamo i 14 paesi della ex Unione Sovietica (esclusa l'Estonia, membro dell'OCSE) e i 12 paesi europei non membri dell'OCSE (ma in parte membri dell'UE-27), con una popolazione totale di 338 milioni di abitanti (figura 7.1). Il paese dominante è la Russia, con il 42% della popolazione e il 58% del PIL (ppa). Insieme all'Ucraina e alla Bielorussia, raggiungono il 58% della popolazione e il 69% del PIL (ppa). Si noti che nel frattempo i paesi baltici sono anche membri dell'UE-27.

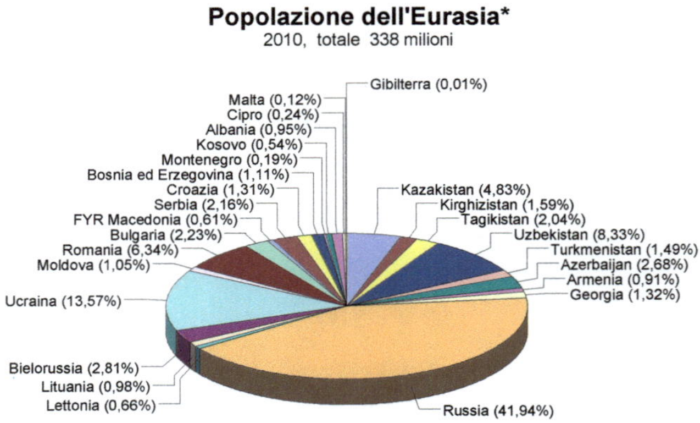

Figura 7.1 Distribuzione percentuale della popolazione dell'Eurasia*

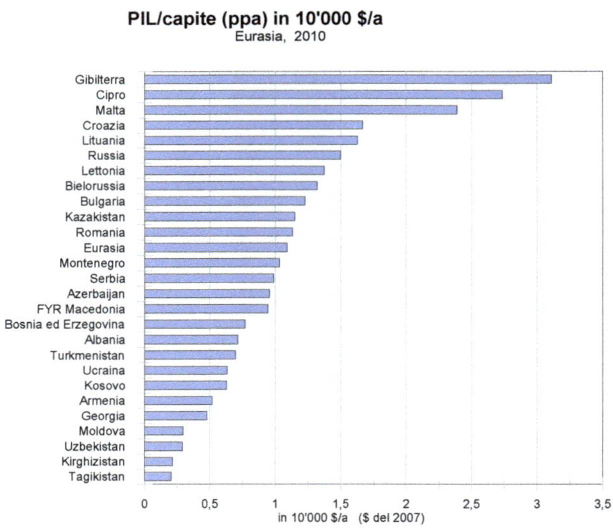

Figura 7.2. PIL (ppa) pro capite dei paesi dell'Eurasia*[1]

* Eurasia è il termine usato qui per indicare in modo conciso: Eurasia (secondo l'AIE) + Europa non-OCSE

Dei 12 paesi europei non membri dell'OCSE, sono la Romania e la Bulgaria (membri della UE-27) che hanno il maggior peso. Il PIL (ppa) totale dell'Eurasia è nel 2010 di $ 3'700 miliardi ($ del 2007).

Il PIL (ppa) pro capite (figura 7.2) raggiunge una media di 10'900 $ /a, in Russia di 15.000 $ /a ; solo Gibilterra, Cipro e Malta superano 20'000 $/a..

7.2 Intensità energetica nel 2010 (figura 7.3)

L'Eurasia ha un'intensità energetica media di 3,2 kWh/$, valore che, nonostante i progressi, è ben al di sopra della media mondiale (< 2 kWh / $). L'Eurasia ha gli sprechi di energia più alti del mondo (si veda anche la figura 3.3). Questa intensità è in gran parte dovuta al valore elevato della Russia (3,5 kWh/$), nonché dell'Ucraina e del Kazakistan (> 4,5 kWh/$). L'Uzbekistan (6 kWh / $) e il Turkmenistan (7 kWh / $),hanno ancora valori estremamente elevati, nonostante progressi significativi (figura 7.3). Nei paesi europei non membri dell'OCSE, la media è più bassa (1,75 kWh/$), anche se superiore a quella dell'Unione europea.

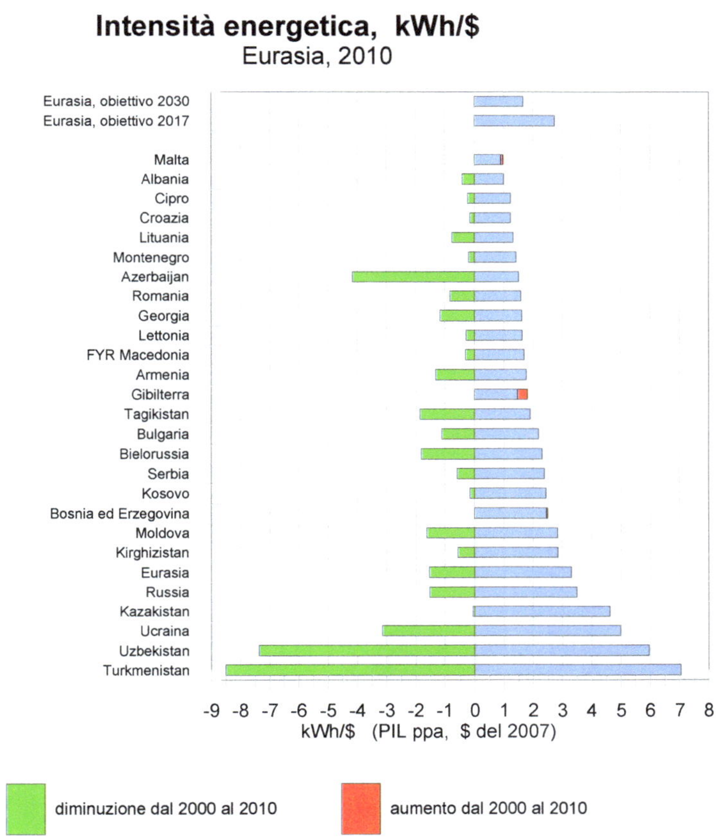

Figura 7.3. Intensità energetica delle regioni e paesi dell'Eurasia e progressi nell'ultimo decennio

7. Intensità CO_2 dell'energia nel 2010 (figura 7.4)

L'intensità CO_2 media dell'Eurasia è di 212 g CO_2/kWh, quindi non lontana dalla media mondiale. Nei paesi europei non appartenenti all'OCSE è leggermente più alta che nell'ex-Unione Sovietica (più consumo di carbone e meno di gas naturale). L'intensità CO_2 è particolarmente elevata (250 g CO_2/kWh e più) nella FYR di Macedonia, in Serbia, Bosnia-Erzegovina, Cipro ma anche nel Kazakistan. Il Tagikistan, la Lituania, la Lettonia, l'Albania, l'Armenia e la Georgia hanno invece valori bassi grazie alla produzione di energia elettrica per via idroelettrica o in Armenia, nucleare. L'arresto della centrale nucleare in Lituania alla fine del 2009, è costato al paese il secondo posto nella graduatoria.

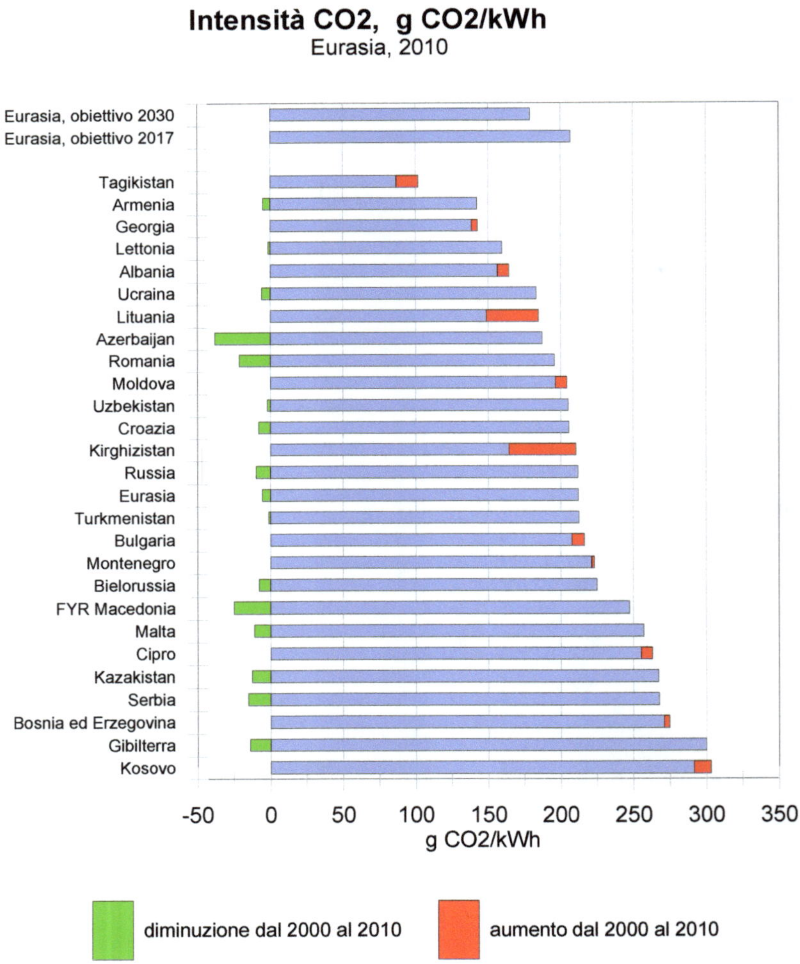

Figura 7.4. Intensità CO_2 dell'energia dei paesi dell'Eurasia e variazioni nell'ultimo decennio

7.4 Indicatore CO_2 di sostenibilità nel 2010 (figura 7.5)

Nei paesi europei non membri dell OCSE la media è di 380 g CO_2/\$, nell'ex Unione Sovietica di 760 g di CO_2/\$, quindi il doppio a causa della scarsa efficienza. L'efficienza è mediocre in quasi tutti i paesi dell'Eurasia (figura 7.3), e incide negativamente sulla sostenibilità della loro economia energetica (valore medio dell'Eurasia: 700 g di CO_2/\$). Valori estremi hanno l'Ucraina (910 g CO_2/\$), l'Uzbekistan e il Kazakistan (1400 g CO2 / \$), e soprattutto (nonostante i grandi progressi) il Turkmenistan (quasi 1500 g CO_2/\$).

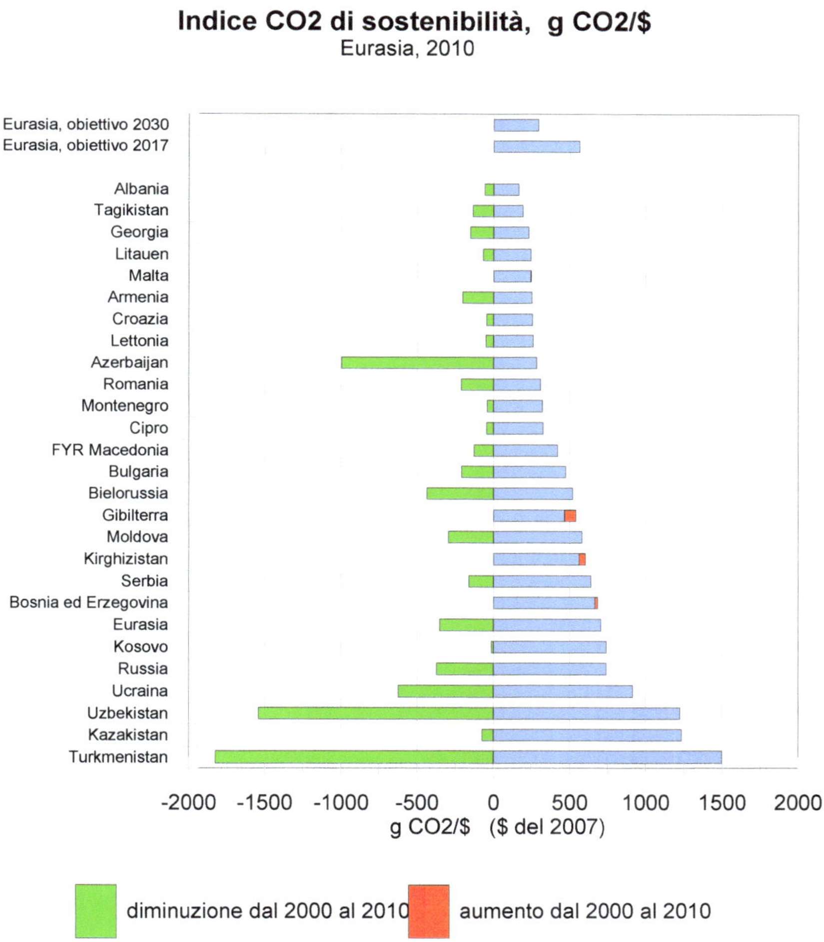

Figura 7.5. Indicatore CO_2 di sostenibilità dei paesi dell'Eurasia e progressi nell'ultimo decennio

L'evoluzione dell'indice di sostenibilità è mostrata con più dettagli nella Figura 7.6 per i periodi 2000-2008 e 2008-2010. Nel complesso il trend può considerarsi positivo, ad eccezione degli ultimi due anni nei quali si constatano, in alcuni piccoli stati, fenomeni regressivi. Anche in Russia, l'evoluzione positiva ha subito un arresto.

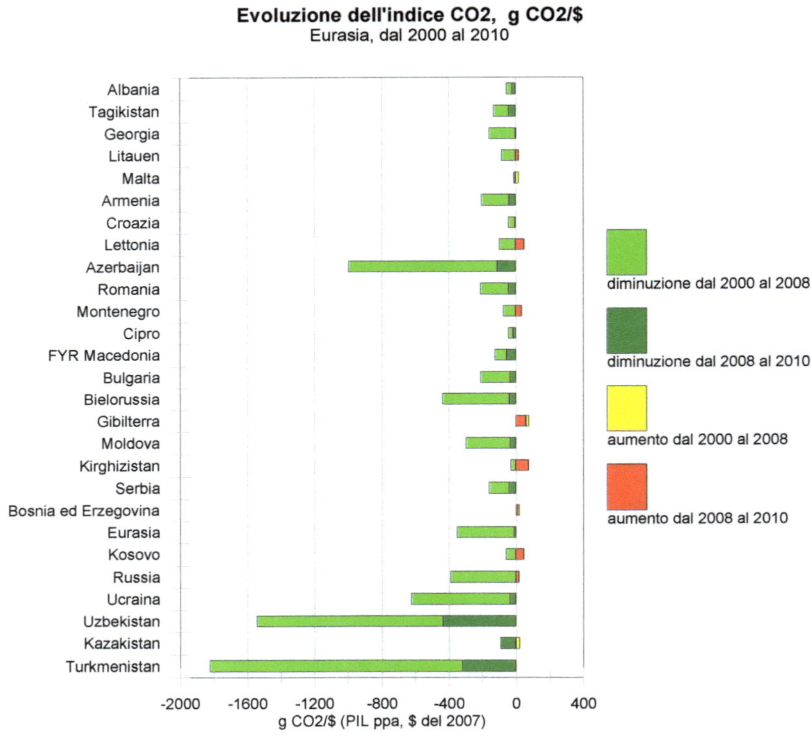

Figura 7.6. Evoluzione dell'indice CO_2 dal 2000 al 2008 e dal 2008 al 2010 per i paesi dell'Eurasia

7.5 Indicatori necessari nel 2030

Per stabilizzare il clima, le emissioni globali di CO_2 nel 2030 non dovrebbero superare le 27'000 Mt (esclusi i bunkeraggi marittimi e aereonautici). La parte dell'Eurasia è stata fissata in quest'analisi a 1'800 Mt. Ammettendo un PIL (ppa) di 7'000 miliardi ($ del 2007), si ottiene un indicatore di sostenibilità CO_2 di $\eta = 297$ g CO_2/$. Il grafico effettivo dal 1980 al 2010 e lo scenario necessario alla protezione del clima fino al 2030 sono illustrati nella Figura 7.7.

I valori per il 2017 tengono conto di un PIL (ppa) di 4'700 miliardi di dollari ($ del 2007), PIL stimato per questa data dal FMI (Fondo Monetario Internazionale).

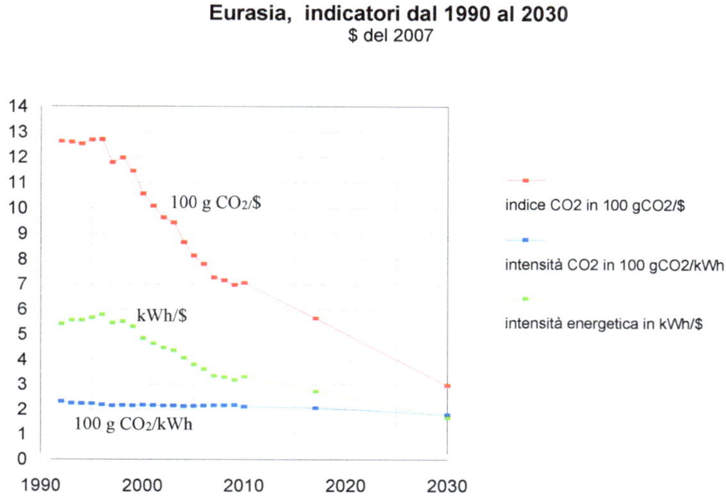

Figura 7.7. Indicatori dell'Eurasia dal 1980 al 2010 e scenario fino al 2030 per la protezione del clima

Con questo scenario il fabbisogno lordo di energia nel 2030 è di 1'000 Mtep. Gli indicatori pro capite per l'energia e per le emissioni di CO_2 diventano:

e = 4.0 kW/capite (diminuzione del 3% rispetto al 2010) e α = 6.3 t CO_2/capite (diminuzione del 18% rispetto al 2010).

L'evoluzione del totale delle emissioni di CO_2 dell'Eurasia è rappresentata nella figura 7.8. Il grafico mostra, in particolare, il forte calo delle emissioni di CO_2 dopo il crollo dell'Unione Sovietica nel 1989.

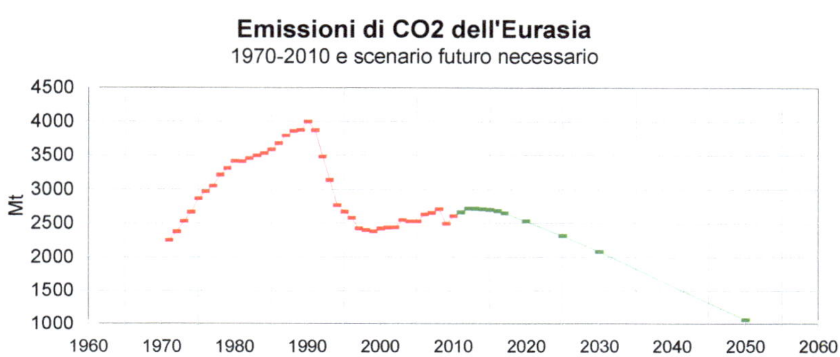

Figura 7.8. Emissioni effettive di CO_2 dell'Eurasia dal 1970 al 2010 e scenario fino al 2050 per la protezione del clima

8 Asia/Oceania rimanente

8.1 Popolazione e prodotto interno lordo nel 2010

Per Asia/Oceania rimanente s'intendono i continenti Asia e Oceania senza la Cina, l'India, il Medio Oriente, l'Eurasia, il Giappone e gli altri paesi dell'OCSE, come la Corea del Sud, l'Australia e la Nuova Zelanda. La popolazione è di 1'058 milioni (figura 8.1) e il PIL (ppa) ha raggiunto 4'300 miliardi/a ($ del 2007) o circa il 6,8% del PIL mondiale. I sei paesi più popolosi sono l'Indonesia, il Pakistan, il Bangladesh, le Filippine, il Vietnam e la Thailandia. Questi paesi producono con il 76% della popolazione il 65% del PIL (ppa).

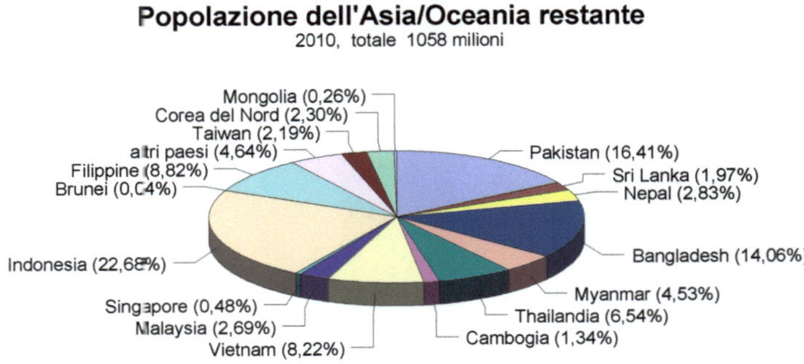

Figura 8.1. Distribuzione percentuale della popolazione dell'Asia/Oceania rimanente

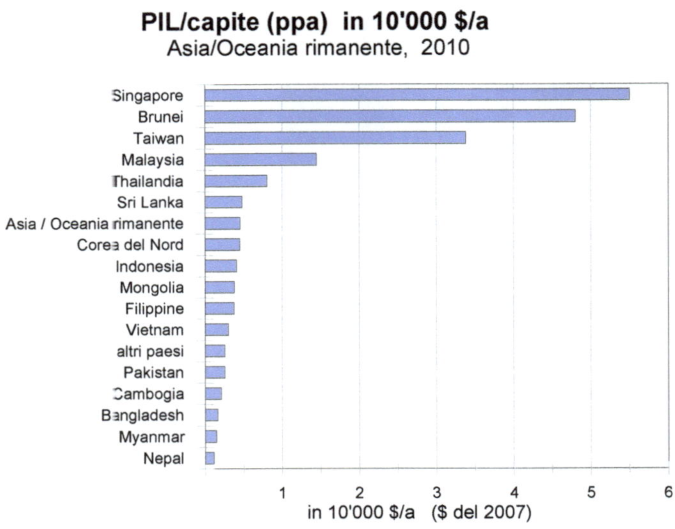

Figura 8.2. PIL (ppa) pro capite dei paesi dell'Asia/Oceania rimanente

Il PIL (ppa) per abitante (figura 8.2) è in media di 4'600 $/a, quello dei sei paesi più popolosi varia da 1'700 $ nel Bangladesh a 8'100 $ in Thailandia. Solo Taiwan, Brunei e Singapore raggiungono il livello dei paesi OCSE, con un PIL (ppa) tra i 30'000 e 60'000 $/a.

8.2 Intensità energetica nel 2010 (figura 8.3)

L'intensità energetica è con 1.83 kWh/$ leggermente al di sotto della media mondiale, a causa del grande numero di paesi sottosviluppati. Sono inefficienti le economie energetiche di Indonesia, Pakistan, Malaysia, Thailandia e Vietnam con 2-3 kWh/$. Il livello di efficienza dell'OCSE è raggiunto solo da Singapore, Taiwan e le Filippine. Estremamente inefficiente (3,6 kWh/$) è il consumo di energia in Mongolia, basato sul carbone. Quello del Nepal (3,5 kWh / $) si basa sulla biomassa e l'energia idroelettrica.

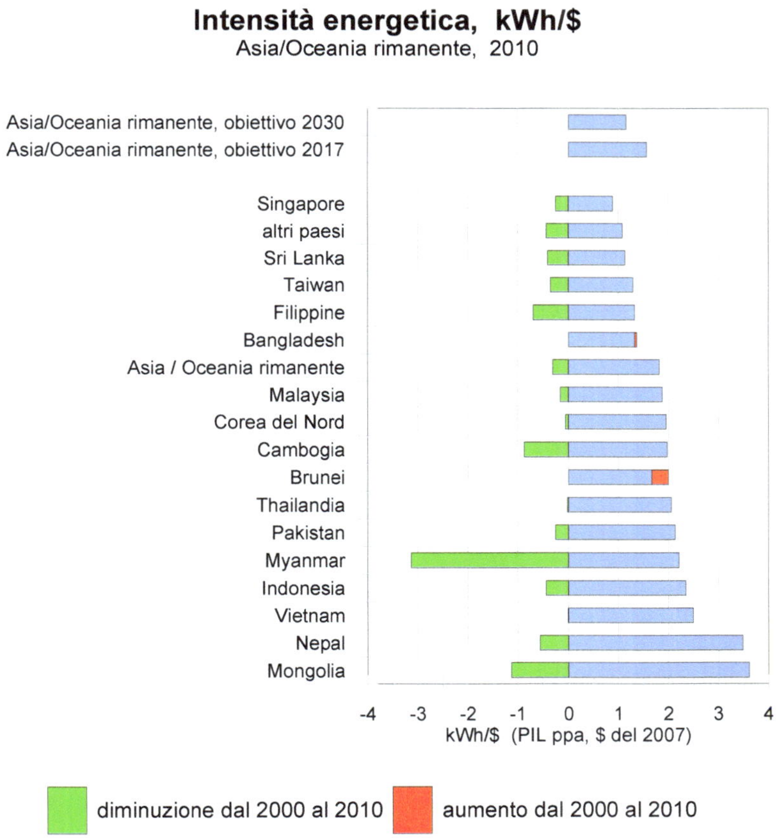

Figura 8.3. Intensità energetica dei paesi dell'Asia/Oceania rimanente e variazioni dal 2000 al 2010

8.3 Intensità CO_2 dell'energia nel 2010 (figura 8.4)

L'intensità CO_2 è con 194 g CO_2/kWh al di sotto della media mondiale. La maggior parte dei paesi sottosviluppati, hanno intensità CO_2 ancora più basse, ad eccezione della Corea del Nord e della Mongolia che, al contrario, per il largo uso di carbone raggiungono valori attorno a 300 g CO_2/kWh. Fra i paesi sviluppati, Singapore e Taiwan hanno un'intensità CO_2 nettamente superiore alla media dell'OCSE. Negli ultimi 10 anni, l'intensità CO_2 è aumentata significativamente in tutti i paesi popolosi dell'Asia/Oceania rimanente.

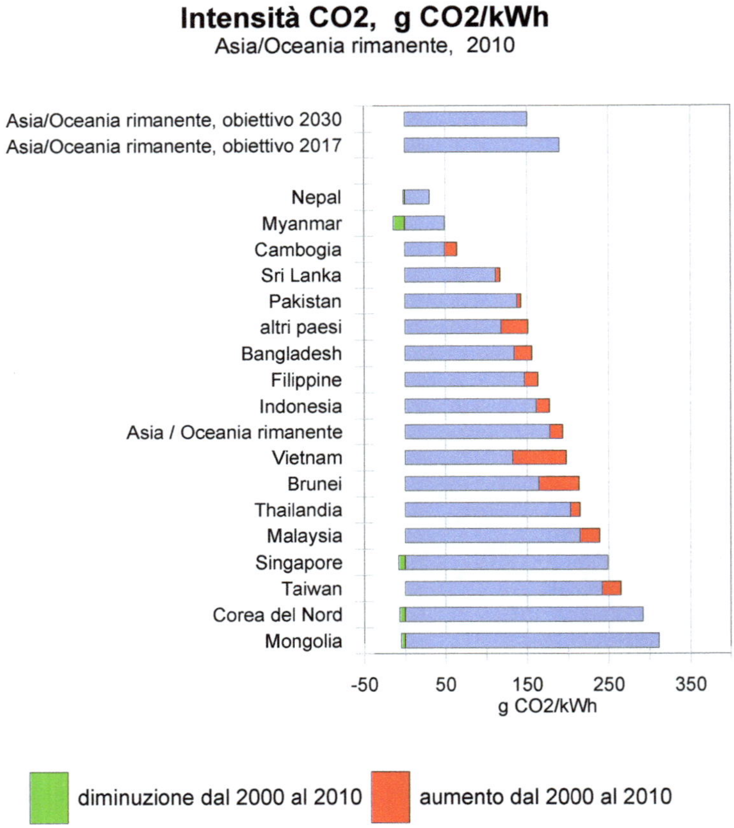

Figura 8.4. Intensità CO_2 dell'energia dei paesi dell'Asia/Oceania rimanente e variazioni nell'ultimo decennio

8.4 Indicatore CO_2 di sostenibilità nel 2010 (figura 8.5)

L'indicatore CO_2 dell'Asia/Oceania rimanente è con 360 g CO_2/\$, nettamente inferiore alla media mondiale (425 g CO_2/\$) ma superiore alla media OCSE (318 g CO_2/\$). Le differenze tra i paesi sono enormi. Alcuni paesi con grandi popolazioni e, quindi di peso notevole, come il Bangladesh e lo Sri Lanka, per la loro economia energetica primitiva (con molta biomassa) hanno valori ben al di sotto o in prossimità di 200 g CO_2/\$. Le Filippine hanno un'ottima sostenibilità CO_2 grazie all'energia idroelettrica e geotermica. L'Indonesia è prossima alla media mondiale. Vietnam e Thailandia la superano in modo netto. Singapore, molto sviluppata economicamente, è con 225 g CO_2/\$ vicino all'UE-15; l'economia energetica di Taiwan è invece con 345 g CO_2/\$ molto meno sostenibile. La Mongolia, con più di 1100 g CO_2/\$ è l'ultima della classe, nonostante i progressi.

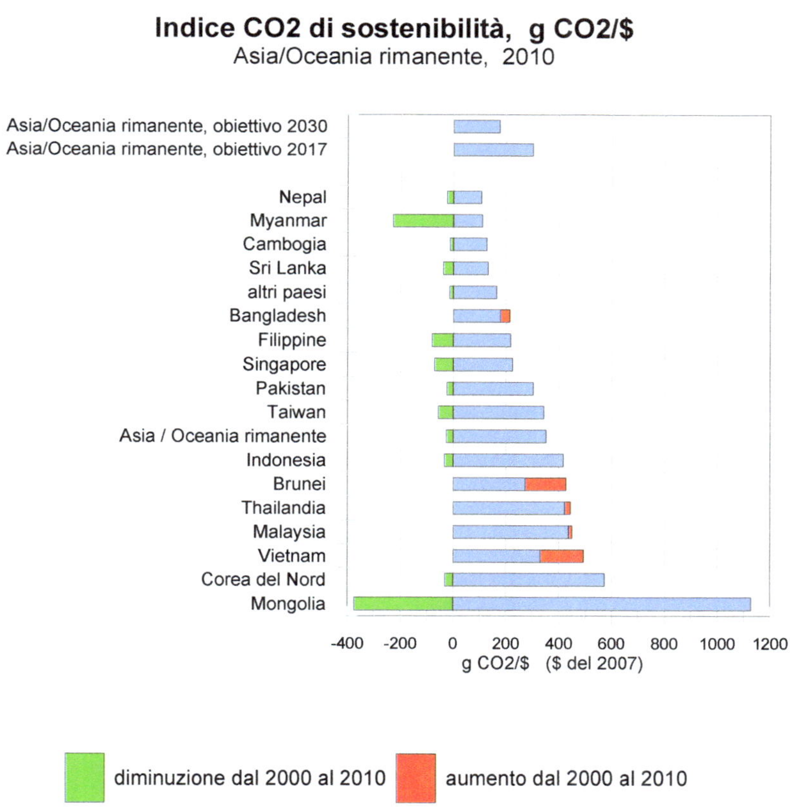

Figura 8.5. Indicatore di sostenibilità CO_2 dei paesi dell' Asia/Oceania rimanente e variazioni nell'ultimo decennio

L'evoluzione dell'indice di sostenibilità è mostrata con più dettagli nella Figura 8.6 per i periodi 2000-2008 e 2008-2010. Oltre a un lieve progresso generale si notano preoccupanti sviluppi nel Brunei e nel Vietnam, ma anche nella Thailandia.

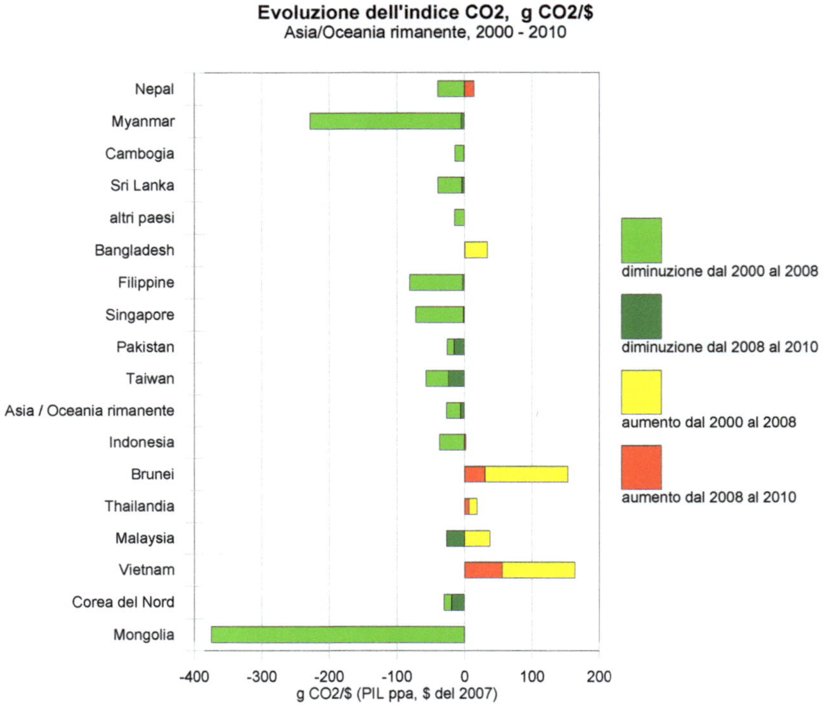

Figura 8.6. Evoluzione dell'indice CO_2 di sostenibilità dal 2000 al 2008 e dal 2008 al 2010 per i paesi dell'Asia/Oceania rimanente

8.5 Indicatori necessari nel 2030

Per stabilizzare il clima, le emissioni globali di CO_2 nel 2030 non devono superare le 27'000 Mt. La parte dell'Asia/Oceania rimanente è stata fissata in quest'analisi a 1'850 Mt, tenendo conto del grande potenziale geotermico di questa regione. Assumendo un PIL (ppa) di 10'500 miliardi ($ del 2007), si ottiene un indicatore di sostenibilità CO_2 di η = 176 g CO_2/$. Il valore effettivo di questo indice dal 1980 al 2010 e lo scenario necessario per la protezione del clima fino al 2030 sono illustrati nella figura 8.7.

I valori per il 2017 tengono conto di un PIL (ppa) di 6'500 miliardi di dollari ($ del 2007), PIL stimato per questa data dal FMI (Fondo Monetario Internazionale).

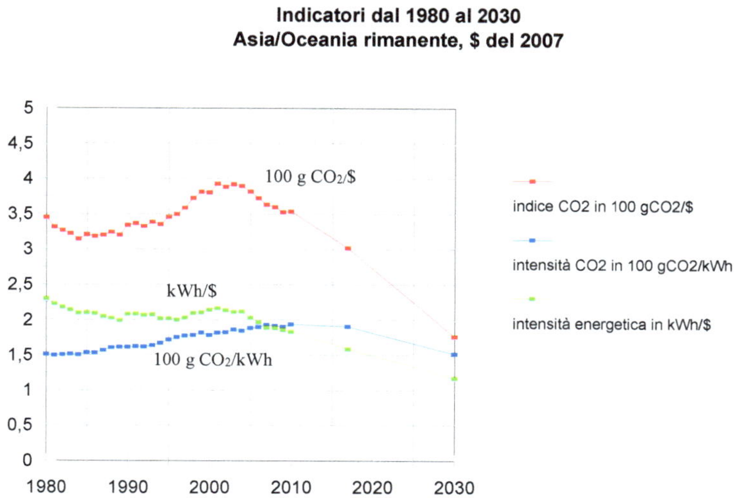

Figura 8.7. Indicatori reali dell'Asia/Oceania rimanente dal 1980 al 2010 e scenario fino al 2030 per la protezione del clima

Secondo questo scenario il fabbisogno lordo di energia nel 2030 è di 1'050 Mtep. Gli indicatori pro capite per l'energia e per le emissioni di CO_2 diventano:

e = 1.1 kW/capite (aumento del 12% rispetto al 2010) e α = 1.4 t CO_2/capite (diminuzione del 13% rispetto al 2010).

L'evoluzione del totale delle emissioni di CO_2 dei paesi dell'Asia/Oceania rimanente è rappresentata nella figura 8.8.

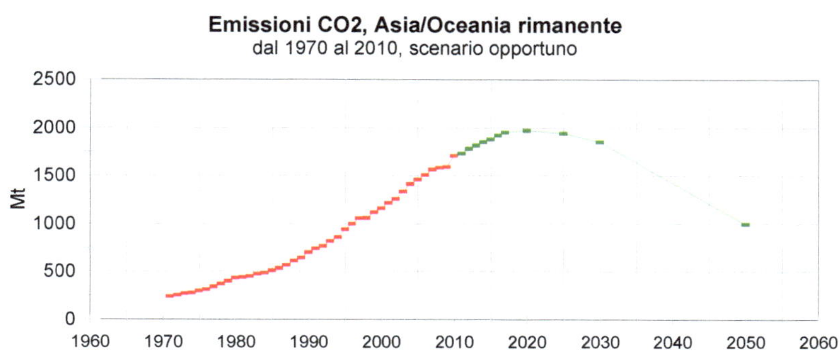

Figura 8.8. Emissioni effettive di CO_2 dell'Asia/Oceania rimanente dal 1970 al 2010 e scenario fino al 2050 per la protezione del clima

9 Centro e Sud America

9.1 Popolazione e prodotto interno lordo nel 2010

Il Centro e Sud America (senza il Cile, membro dell'OCSE) è designato nelle statistiche dell'AIE anche come America non-OCSE). Ha una popolazione di 455 milioni, equivalente al 90% di quella dell'UE-27, ma non produce che il 30% del PIL (ppa) di quest'ultima. Il Brasile, con 43% della popolazione e 46% del PIL (ppa), è il paese più importante del continente (figura 9.1). I cinque paesi più popolosi (Brasile, Colombia, Argentina, Perù e Venezuela) generano con 75 % della popolazione 83% del PIL (ppa).

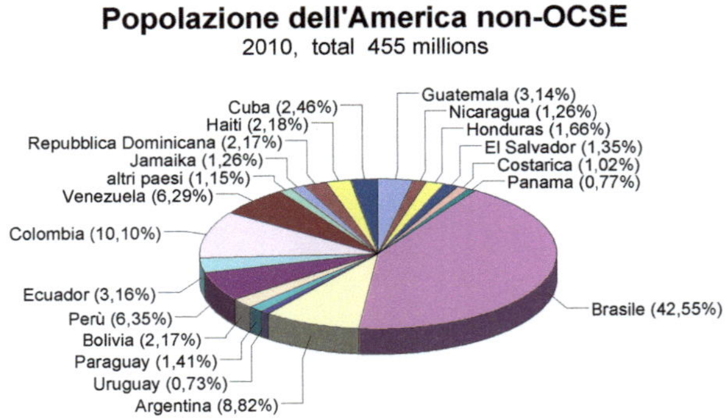

Figura 9.1. Distribuzione percentuale della popolazione del Centro e Sud America (senza il Cile)

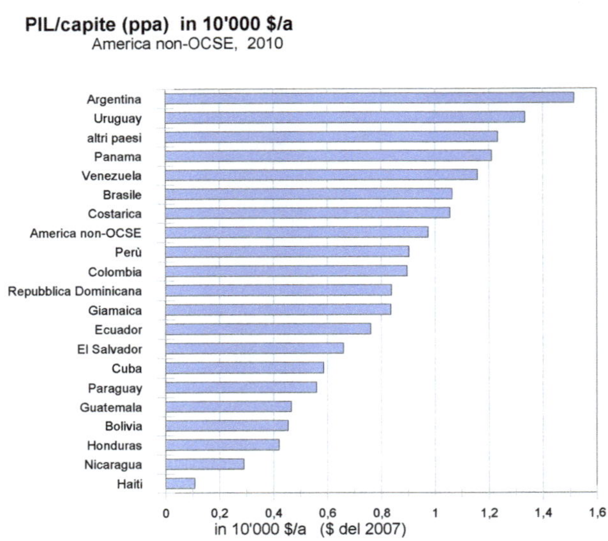

Figura 9.2. PIL (ppa) pro capite dei paesi del Centro e Sud America (per il Cile vedere OCSE)

IL PIL (ppa) pro capite dell'America non OCSE è in media di 9'700 $/a (figura 9.2). Dei cinque paesi più popolosi, il Brasile (10'700 $/a), l'Argentina (15'200 $/a) e il Venezuela (11'600 $/a) sono al di sopra, la Colombia e il Perù con 9'000 $/a al di sotto della media del continente

9.2 Intensità energetica nel 2010 (figura 9.3)

L'intensità energetica media corrisponde con 1.43 kWh/$ al 73% della media mondiale ed è 10% al di sopra di quella dell'UE-15. È quindi relativamente buona, dato il modesto grado di sviluppo del continente (94% rispetto alla media globale). Due dei cinque paesi più popolosi (Perù e Colombia) hanno un'intensità energetica inferiore alla media. Molto inefficiente e nettamente al di sopra della media mondiale è invece il Venezuela, con 2.56 kWh/$.

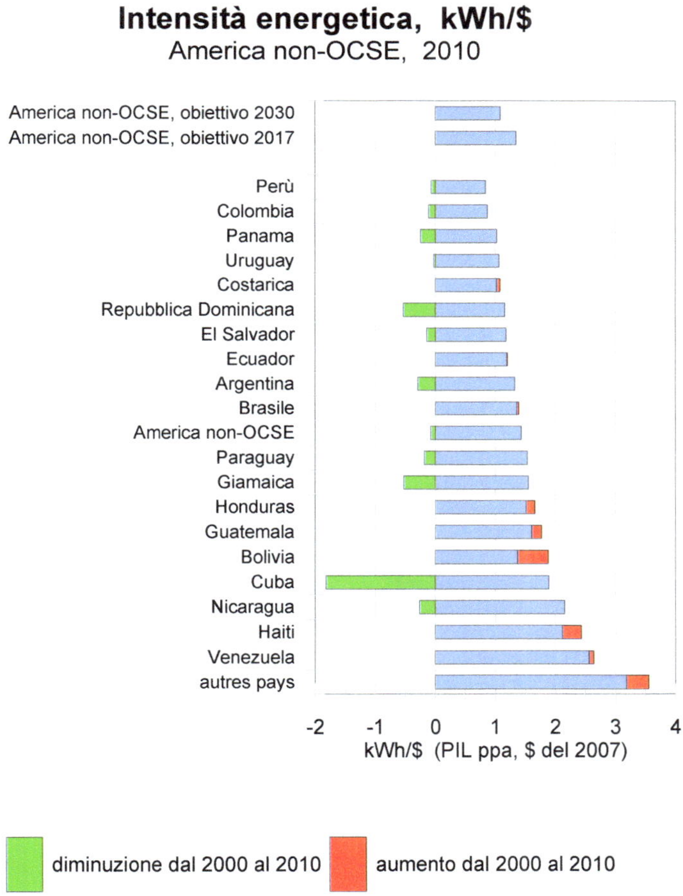

Figura 9.3. Intensità energetica dei paesi del Centro e Sud America e variazioni nell'ultimo decennio

9.3 Intensità CO_2 dell'energia nel 2010 (figura 9.4)

L'intensità CO_2 è con circa 167 g CO_2/kWh molto inferiore alla media mondiale e anche a quella dell'UE-15. Ciò è dovuto in primo luogo all'importanza che hanno le forze idriche per la produzione dell'energia elettrica. Nettamente sotto la media è l'intensità CO_2 del Brasile (134 g CO_2/kWh), grazie anche ai biocarburanti. Le intensità CO_2 più alte (tra i cinque paesi più popolosi) sono, con 200 g CO_2/kWh e più, quelle di Argentina e Venezuela.

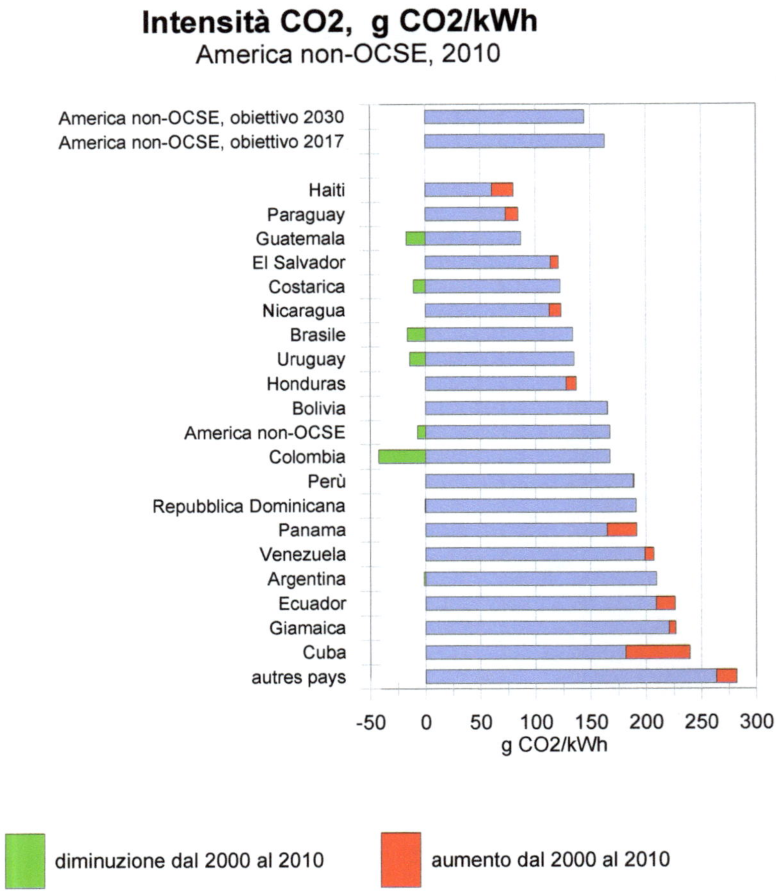

Figura 9.4. Intensità CO_2 dell'energia dei paesi del Centro e Sud America e cambiamenti nell'ultimo decennio

9.4 Indicatore CO_2 di sostenibilità nel 2010 (figura 9.5)

L'intensità energetica moderata e l'intensità CO_2 relativamente bassa, portano a un indicatore CO_2 risultante di 240 g CO_2/\$. L'economia energetica del Centro e Sud America è quindi relativamente sostenibile. Con questo valore il continente è assieme all'UE-15 il leader mondiale (figura 3.5). Tre dei paesi più popolosi (Perù, Colombia e Brasile) sono addirittura al di sotto di questo valore. Il paese che (ad eccezione di alcuni piccoli paesi dei Caraibi) chiaramente stona è il Venezuela, con più di 500 g CO_2/\$.

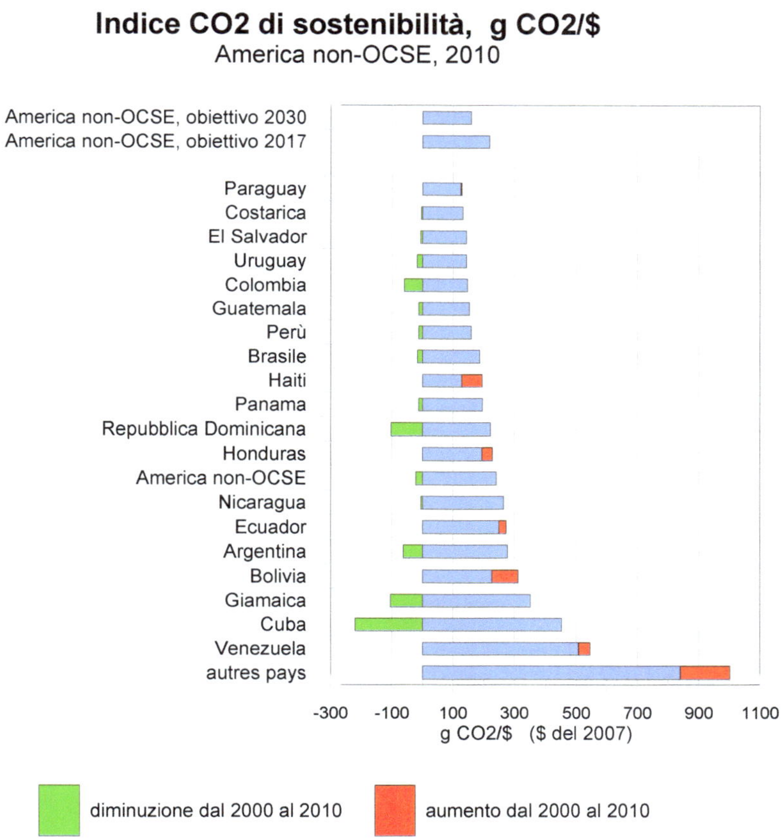

Figura 9.5. Indicatore di sostenibilità CO_2 dei paesi del Centro e Sud America e variazioni nell'ultimo decennio

L'evoluzione dell'indice di sostenibilità è mostrata con più dettagli nella figura 9.6 per i periodi 2000-2008 e 2008-2010. Le tendenze sono contraddittorie, ma nell'insieme si nota un leggero miglioramento globale.

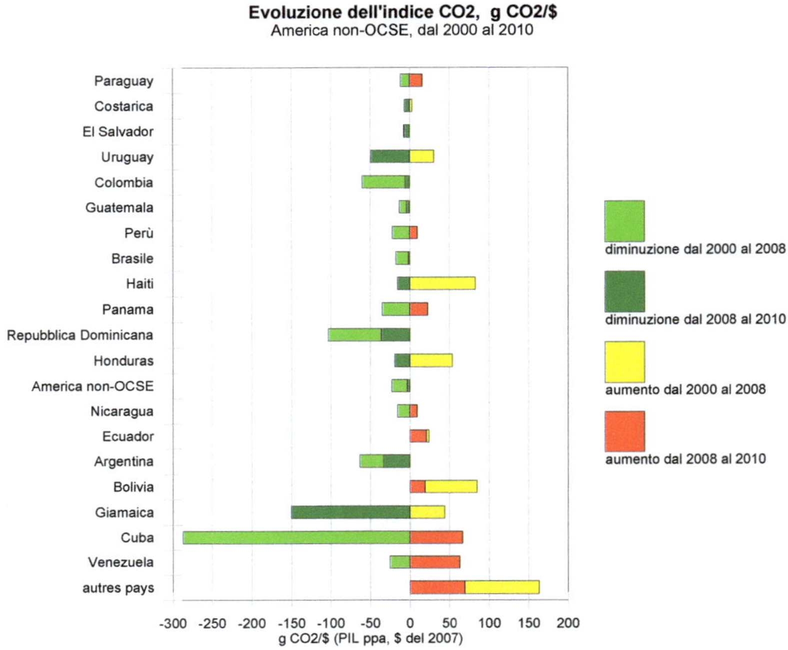

Figura 9.6. Evoluzione dell'indice CO_2 dal 2000 al 2008 e dal 2008 al 2010 per i paesi del Centro e Sud America

9.5 Indicatori necessari nel 2030

Per stabilizzare il clima, le emissioni globali di CO_2 nel 2030 non dovrebbero superare le 27'000 Mt. La parte dell'America non OCSE è stata fissata in quest'analisi a 1'350 Mt. Ammettendo un PIL (ppa) di 8'500 miliardi ($ del 2007), si ottiene un indicatore di sostenibilità CO_2 di η = 159 g CO_2/$. Il grafico effettivo dal 1980 al 2010 e lo scenario necessario alla protezione del clima fino al 2030 sono illustrati nella figura 9.7.

I valori per il 2017 tengono conto di un PIL (ppa) di 5'600 miliardi di dollari ($ del 2007), PIL stimato per questa data dal FMI (Fondo Monetario Internazionale).

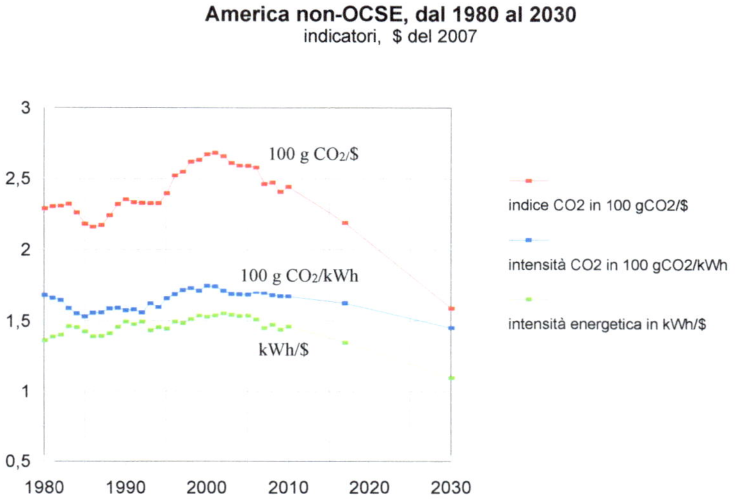

Figura 9.7. America non OCSE: indicatori reali dal 1980 al 2010 e scenario per la protezione del clima fino al 2030

Con questo scenario il fabbisogno lordo di energia nel 2030 è di 800 Mtep. Gli indicatori pro capite per l'energia e per le emissioni di CO_2 diventano:
e = 1.97 kW/capite (aumento del 23% rispetto al 2010) e
α = 2.5 t CO_2/capite (aumento del 7% rispetto al 2010).

L'evoluzione del totale delle emissioni di CO_2 dei paesi dell'America non OCSE è rappresentata nella figura 9.8.

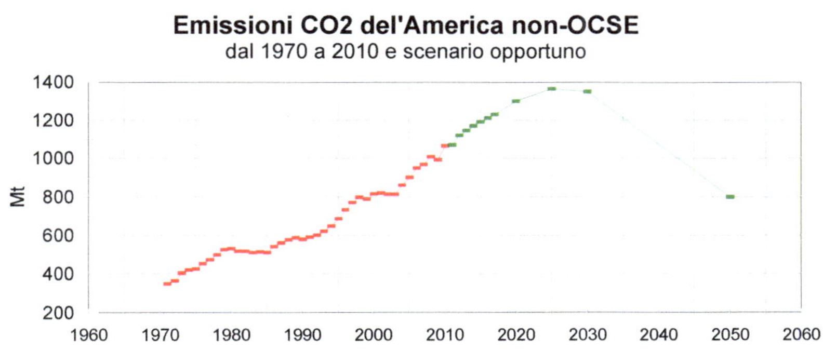

Figura 9.8. Emissioni effettive di CO_2 dell'America non OCSE dal 1970 al 2010 e scenario fino al 2050 necessario per la protezione del clima

10 Africa

10.1 Popolazione e prodotto interno lordo nel 2010

Con 1022 milioni di abitanti (figura 10.1) l'Africa produce un PIL (ppa) di 2.900 miliardi di dollari ($ del 2007). I cinque paesi con il PIL più elevato, vale a dire Sud Africa, Egitto, Algeria, Nigeria e Marocco, contribuiscono con il 35% della popolazione a 60% del PIL.

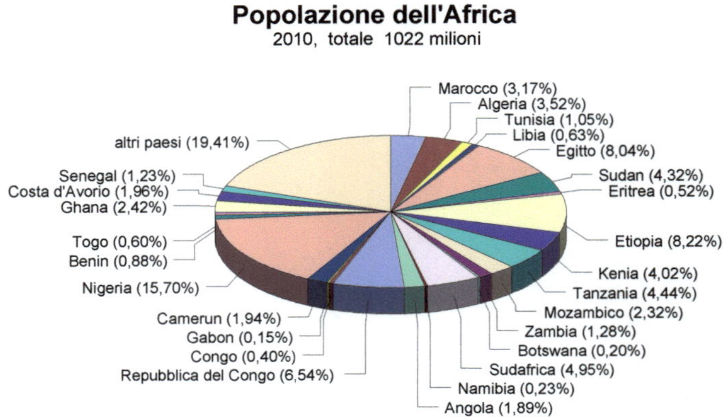

Figura 10.1. Distribuzione percentuale della popolazione dell'Africa

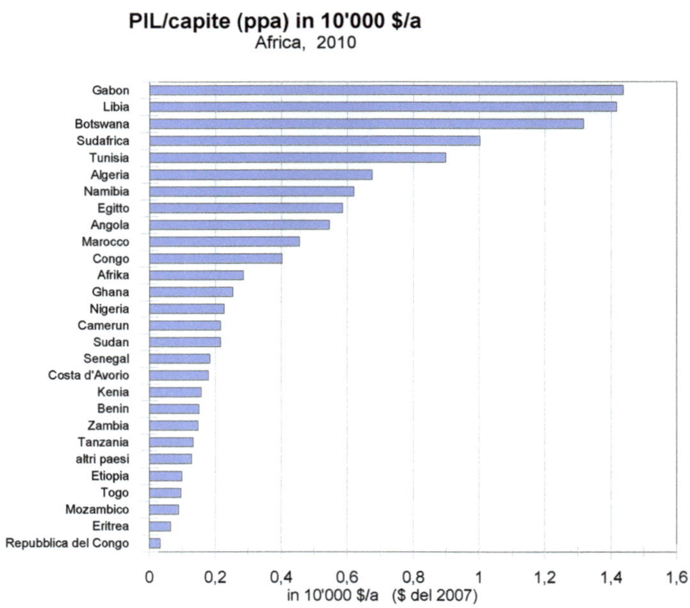

Figura 10.2. PIL (ppa) pro capite dei paesi dell'Africa

Rispetto alla media mondiale, il PIL (ppa) medio pro capite di 2'900 \$/a è molto basso (figura 10.2). Solo quattro paesi (Gabon, Botswana, Libia e Sud Africa) raggiungono o superano 10'000 \$/a. Altri sette paesi (Tunisia, Namibia, Algeria, Angola, Congo, Marocco ed Egitto) sono tra i 4'000 e i 9'000 \$/a. Tutti gli altri sono al di sotto della media del continente, in parte in modo molto netto.

10.2 Intensità energetica nel 2010 (figura 10.3)

L'intensità energetica media dell'Africa di 3 kWh/\$ è ben al di sopra della media mondiale ($\approx$ 2 kWh/\$), l'uso di energia quindi inefficiente. Le cause sono il sottosviluppo e la ricchezza relativa di combustibili fossili a buon mercato (carbone in Sud Africa, petrolio nella Nigeria e in Libia, gas naturale in Algeria e in Egitto, ecc.).

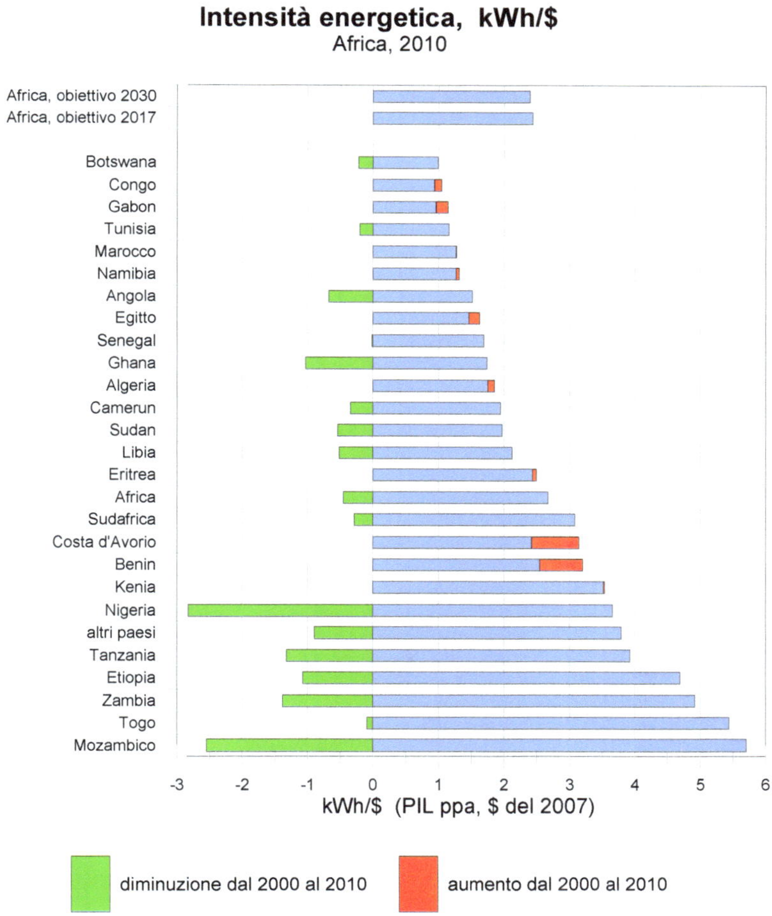

Figura 10.3. Intensità energetica dei paesi dell?Africa e variazioni nell'ultimo decennio

10.3 Intensità CO_2 dell'energia nel 2010 (figura 10.4)

L'Africa ha con 121 g CO_2/kWh la più bassa intensità di CO_2 del mondo. Le ragioni sono il sottosviluppo e l'uso diffuso della biomassa che ne risulta. I valori molto bassi di Mozambico, Etiopia, Zambia e Repubblica Democratica del Congo, sono dovuti anche alla produzione dell'elettricità esclusivamente per via idroelettrica. I paesi più sviluppati hanno una intensità CO_2 che si avvicina o sorpassa la media globale di 200 g CO_2 /kWh.

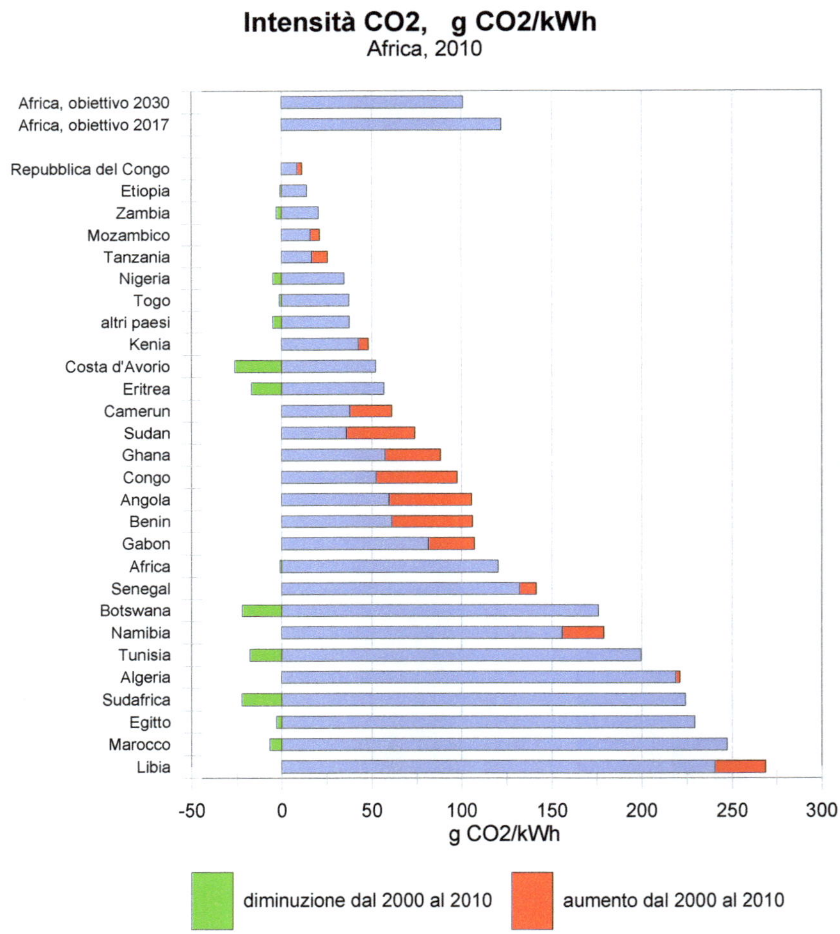

Figura 10.4. Intensità CO_2 dell'energia dei paesi dell'Africa e cambiamenti nell'ultimo decennio

10.4 Indicatore CO_2 di sostenibilità nel 2010 (figura 10.5)

L'intensità CO_2 dell'energia molto bassa, compensa l'alta intensità energetica in modo che l'indicatore CO_2 risultante di circa 320 g di CO_2 /\$, non è lontano dalla media OCSE. Ma le differenze tra i paesi sono molto grandi: da meno di 100 g di CO_2 /\$ in paesi fortemente sottosviluppati fino a 400 g di CO_2 / \$ e più, in paesi produttori di carbone o petrolio. Se ci limitiamo ai paesi più sviluppati, il Gabon e il Botswana presentano un ottimo indicatore (< 180 g CO_2 \$) e la Tunisia un indicatore soddisfacente, inferiore a 250 g CO_2 /\$. La sostenibilità è lungi dall'essere accettabile in Libia con 570 g di CO2 / \$ e in Sud Africa (nonostante innegabili progressi) con 690 g di CO_2/\$.

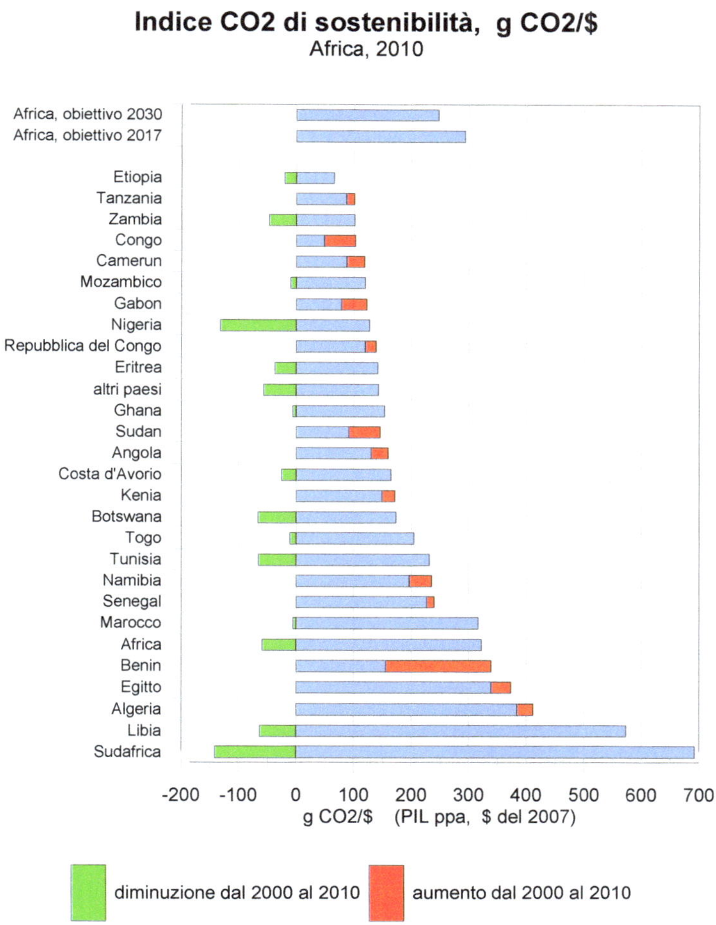

Figura 10.5. Indicatore di sostenibilità CO_2 dei paesi dell'Africa e variazioni nell'ultimo decennio

L'evoluzione dell'indice di sostenibilità è mostrata con più dettagli nella figura 10.6 per i periodi 2000-2008 e 2008-2010. Il quadro generale è piuttosto contradditorio, ma nel complesso e in particolare in grandi paesi come il Sud Africa e la Nigeria, vi è una chiara tendenza al miglioramento.

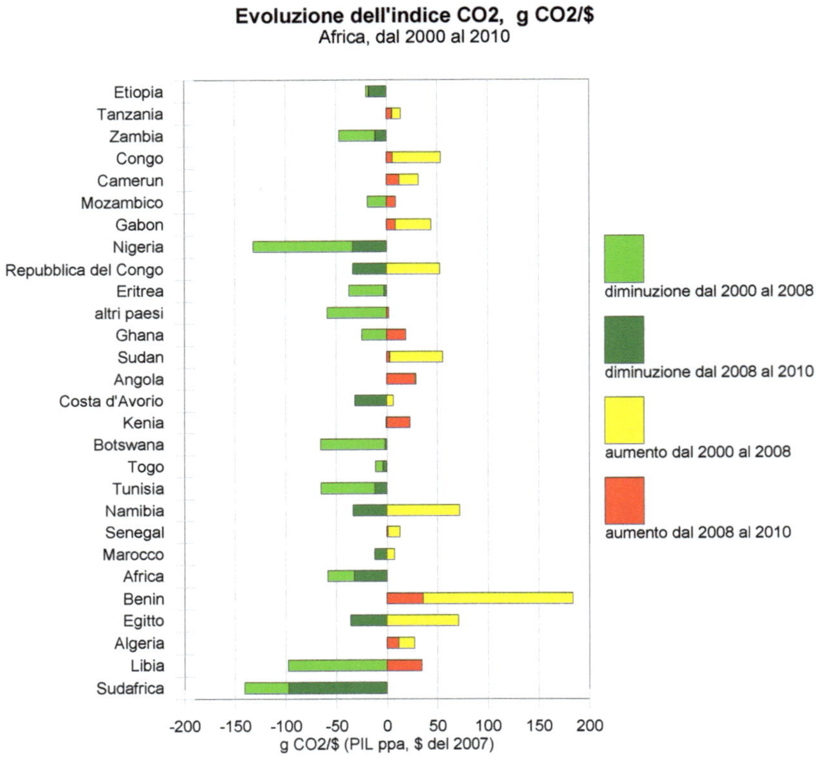

Figura 10.6. Evoluzione dell'indice CO_2 di sostenibilità dal 2000 al 2008 e dal 2008 al 2010 per i paesi dell'Africa

10.5 Indicatori necessari nel 2030

Per stabilizzare il clima, le emissioni globali di CO_2 nel 2030 non dovrebbero superare le 27'000 Mt. La parte dell'Africa è stata fissata in quest'analisi a 1'480 Mt. Ammettendo un PIL (ppa) di 6'000 miliardi ($ del 2007), si ottiene un indicatore di sostenibilità CO_2 di η = 247 g CO_2/$. Il grafico effettivo dal 1980 al 2010 e lo scenario fino al 2030 necessario alla protezione del clima sono illustrati nella Figura 10.7.

I valori per il 2017 tengono conto di un PIL (ppa) di 3'900 miliardi di dollari ($ del 2007), PIL stimato per questa data dal FMI (Fondo Monetario Internazionale).

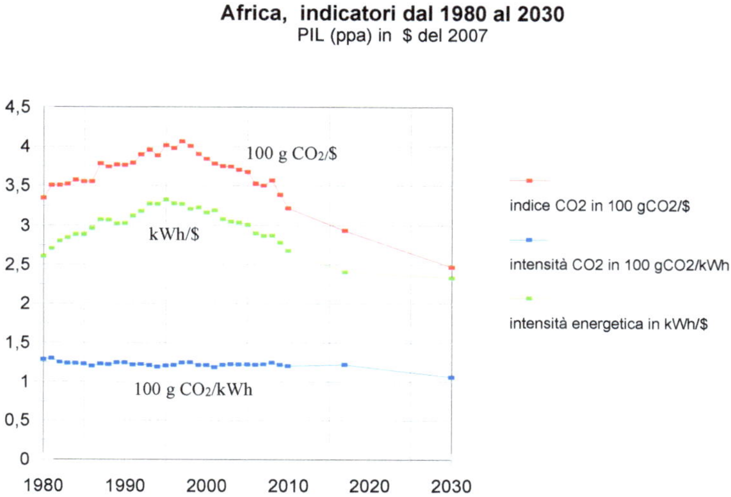

Figura 10.7. Indicatori effettivi dell'Africa dal 1980 al 2010 e scenario fino al 2030 per la protezione del clima

Con questo scenario il fabbisogno lordo di energia nel 2030 è di 1'260 Mtep. Gli indicatori pro capite per l'energia e per le emissioni di CO_2 diventano:

e = 1.0 kW/capite (aumento del 16% rispetto al 2010) e

α = 0.93 t CO_2/capite (aumento del 2% rispetto al 2010).

L'evoluzione del totale delle emissioni di CO_2 dell'Africa è rappresentata nella figura 10.8.

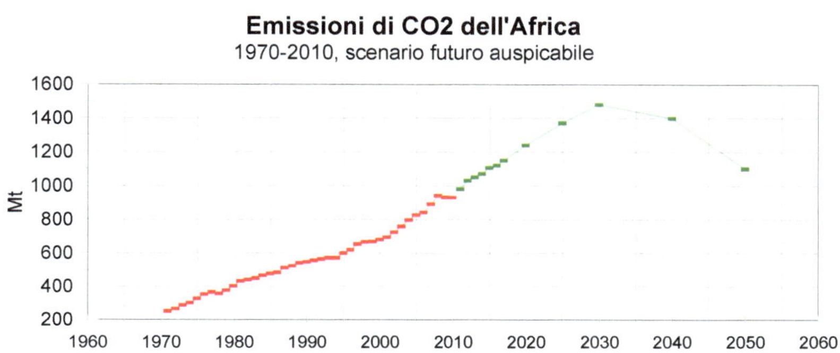

Figura 10.8. Emissioni effettive di CO_2 dell'Africa dal 1970 al 2010 e scenario fino al 2050 per la protezione del clima

11 G-20

11.1 Popolazione e prodotto interno lordo nel 2010

Il gruppo dei G-20 include il G-8, paesi emergenti e l'UE-27. La popolazione totale del gruppo era nel 2010 di 4'437 milioni o il 65% della popolazione mondiale (figura 11.1). Il gruppo genera un prodotto interno lordo a parità di potere d'acquisto PIL (ppa) pari a circa 59'000 miliardi ($ del 2007), che corrisponde all' 83% del PIL (ppa) mondiale. Cina, India e Indonesia hanno insieme il 62% della popolazione del G-20, ma producono solo il 25% del PIL (ppa).

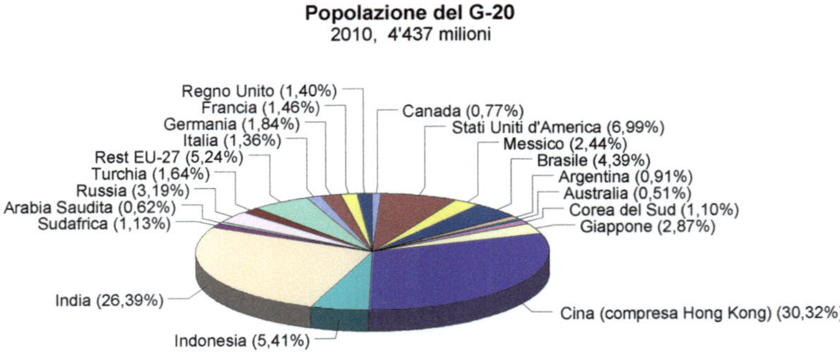

Figura 11.1. Distribuzione percentuale della popolazione del G-20

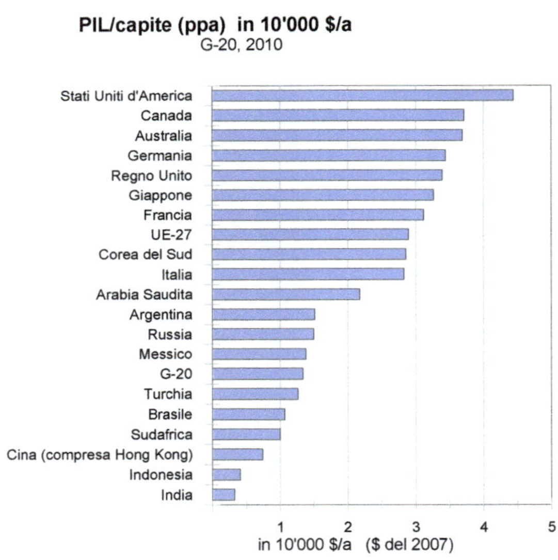

Figura 11.2. PIL (ppa) pro capite dei membri del G-20

Il PIL (ppa) per abitante nel 2010 (figura 11.2) é in media di 13'300 $ e varia da 44'500 $ negli Stati Uniti at 3'300 $ in India.

I dettagli dell'economia energetica dei paesi del gruppo dei G-20 sono dati nell'appendice.

11.2 Intensità energetica nel 2010 (figura 11.3)

L'intensità energetica (energia lorda) del G-20 è di 1.85 kWh/$ e quindi leggermente al di sotto della media mondiale. Chiaramente insufficienti sono le intensità energetiche della Russia (nonostante innegabili progressi), del Sud Africa, della Cina, dell'Arabia Saudita e dell'Indonesia con valori tra 2,5 e 3,5 kWh/$. L'obiettivo del G-20 per il 2030, necessario alla protezione del clima, è di 1,2 kWh/$. Un forte miglioramento è indispensabile.

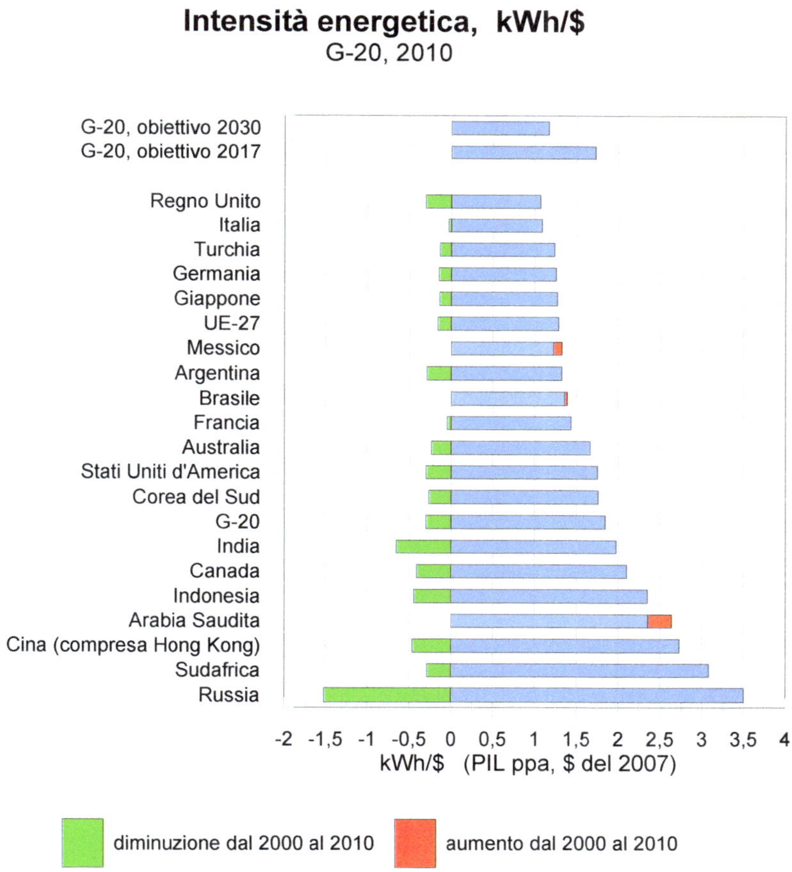

Figura 11.3. Intensità energetica dei membri del G-20 e progressi nell'ultimo decennio

11.3 Intensità CO_2 dell'energia nel 2010 (figura 11.4)

L'intensità CO_2 media del G-20 è di 225 g CO_2/kWh, valore lievemente sopra la media mondiale. L'intensità CO_2 è bassa in Francia e in Brasile (< 150 g CO2/kWh): in Francia grazie alla produzione di energia elettrica partendo da fonti idriche e nucleari, in Brasile grazie all'energia idroelettrica e ai biocarburanti. L'intensità CO_2 è invece molto elevata (> 250 g CO2/kWh) in Cina, Australia e Arabia Saudita, dove la produzione di energia elettrica si basa quasi esclusivamente sul carbone e il petrolio.

Nell'ultimo decennio, purtroppo, rileviamo una stagnazione o addirittura un leggero aumento dell'intensità CO_2 del gruppo. Un'inversione di tendenza è necessaria. L'obiettivo climatico auspicabile per il 2030 è di 185 g CO_2/kWh, ciò che corrisponde a un apporto del G-20 di 22'000 Mt di CO_2 alle emissioni globali di 27'000 Mt.

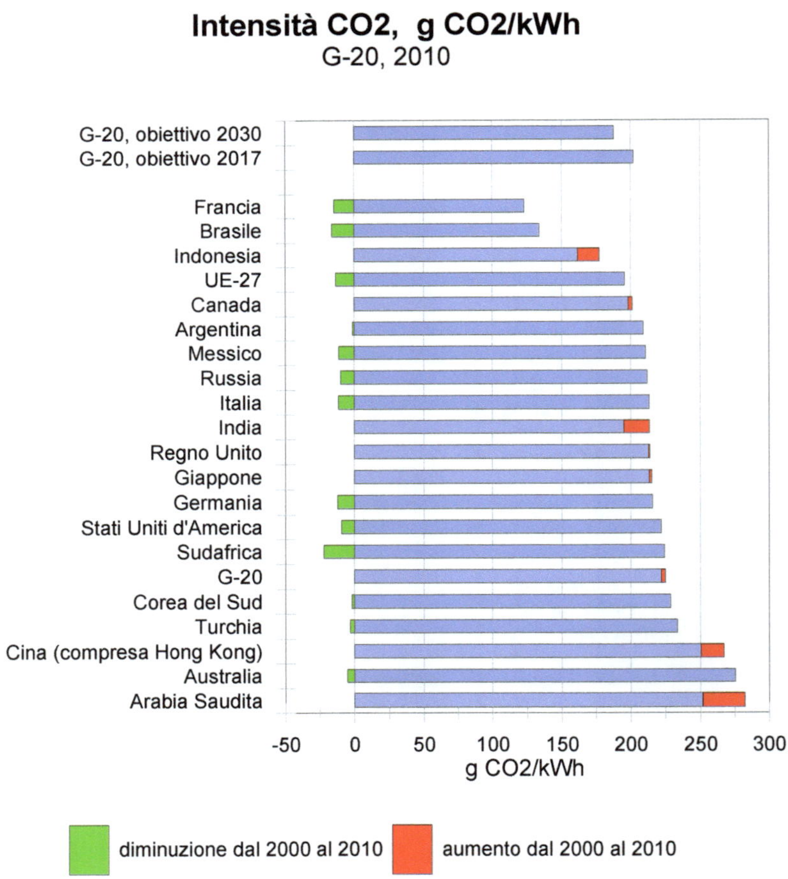

Figura 11.4. Intensità CO_2 dell'energia dei membri del G-20 e variazioni nell'ultimo decennio

11.4 Indicatore CO_2 di sostenibilità nel 2010 (figura 11.5)

Ricordiamo ancora, che in termini di protezione del clima, la sostenibilità del consumo di energia è data dall'indicatore CO_2 ottenuto come il prodotto dell'intensità energetica e dell'intensità CO_2 dell'energia. Il valore medio così ottenuto per il G-20 è di 416 g CO_2/$, quindi leggermente inferiore rispetto alla media mondiale.

Solo la Francia e il Brasile hanno valori che già oggi sono inferiori all'obiettivo per il 2030 di 220 g CO_2/$. All'estremità inferiore della scala ritroviamo, con più di 600 g di CO_2/$, paesi con bassa efficienza (Russia), o che producono l'elettricità quasi esclusivamente con il carbone (Cina, Africa del Sud) o il petrolio (Arabia Saudita). L'Arabia Saudita è l'unico paese nel gruppo G-20, che negli ultimi dieci anni mostra un forte deterioramento della sostenibilità CO_2.

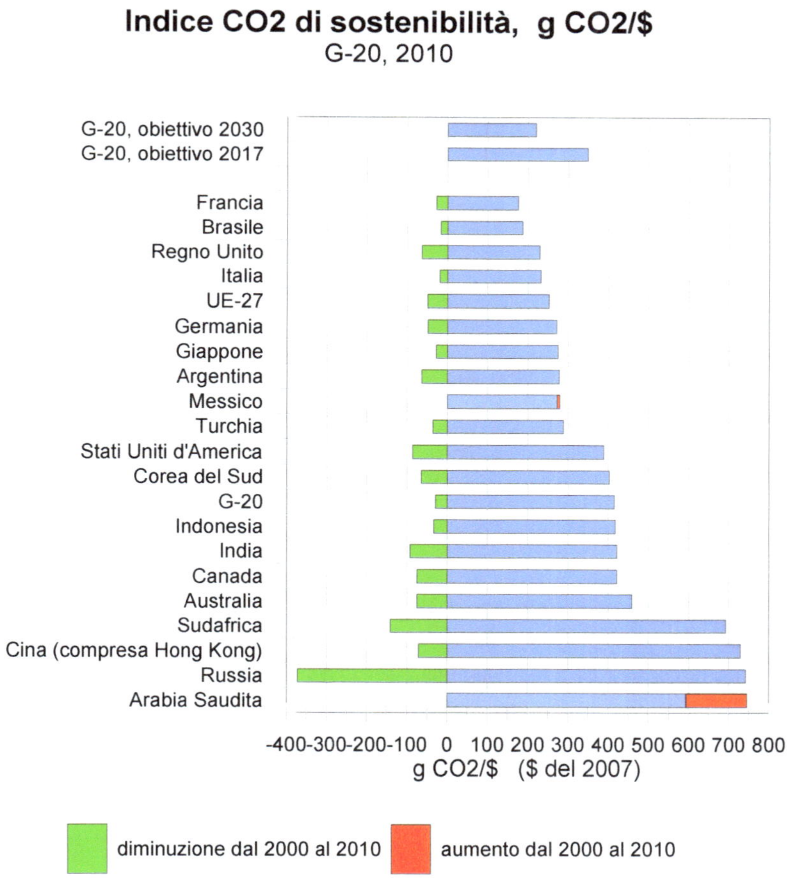

Figura 11.5. Indicatore CO_2 di sostenibilità dei membri del G-20 e variazioni nell'ultimo decennio

L'evoluzione dell'indice di sostenibilità è mostrata con più dettagli nella figura 11.6 per i periodi 2000-2008 e 2008-2010. Negli ultimi due anni, a causa della crisi economica, si nota un rallentamento dell'evoluzione positiva (con l'eccezione di Cina, Argentina e Sud Africa) e in alcuni paesi anche un regresso. Fino al 2030, una riduzione di circa 200 g di CO_2/\$ è necessaria per l'insieme dei membri del G-20 (vedi paragrafo 11.5).

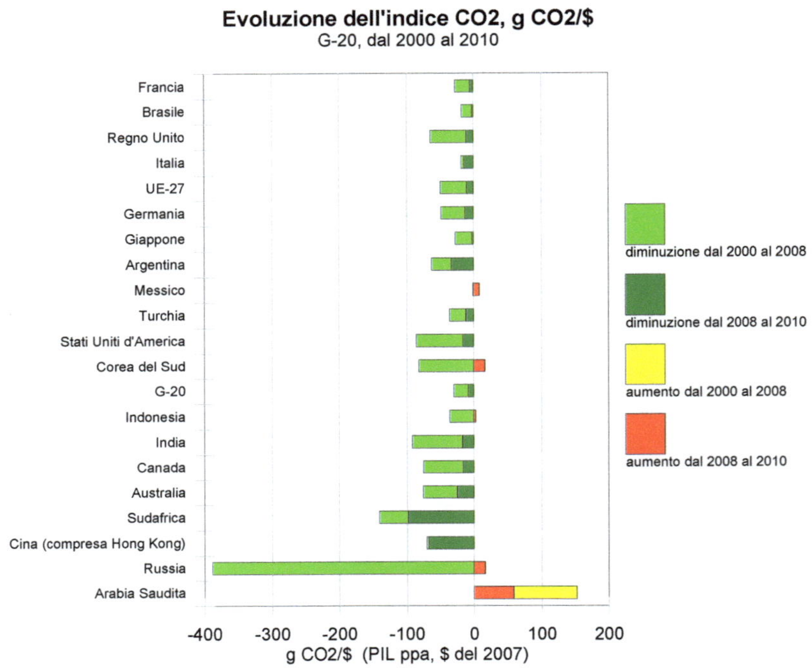

Figura 11.6. Evoluzione dell'indice CO_2 dal 2000 al 2008 e dal 2008 al 2010 nei paesi membri del G-20

11.5 Indicatori necessari nel 2030

Per stabilizzare il clima, le emissioni globali di CO_2 nel 2030 non dovrebbero superare le 27'000 Mt (esclusi i bunkeraggi marittimi e aereonautici). La parte del G-20 è stata fissata in quest'analisi a 22'000 Mt. Ammettendo un PIL (ppa) di 100'000 miliardi (\$ del 2007), si ottiene un indicatore di sostenibilità CO_2 di η = 220 g CO_2/\$. Il grafico effettivo dal 1990 al 2010 e lo scenario necessario alla protezione del clima fino al 2030 sono illustrati nella Figura 11.7.

I valori per il 2017 tengono conto di un PIL (ppa) di 74'000 miliardi di dollari (\$ del 2007), PIL stimato per questa data dal FMI (Fondo Monetario Internazionale).

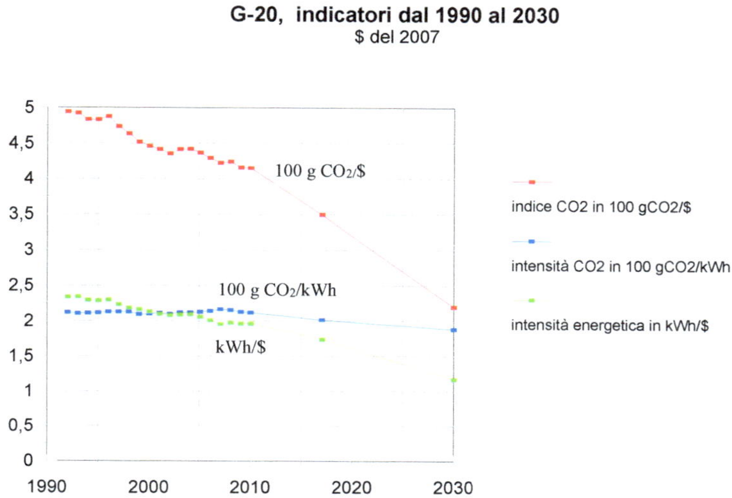

Figura 11.7. Indicatori reali del G-20 dal 1990 al 2010 e scenario fino al 2030 per la protezione del clima

Con questo scenario il fabbisogno lordo di energia (senza bunkeraggi marittimi e aereonautici) nel 2030 è di 11'100 Mtep. Gli indicatori pro capite per l'energia e per le emissioni di CO_2 diventano:

e = 2.63 kW/capite (diminuzione del 11% rispetto al 2010) e

α = 4.33 t CO_2/capite (diminuzione del 21% rispetto al 2010).

L'evoluzione del totale delle emissioni di CO_2 del G-20 è rappresentata nella figura 11.8. .

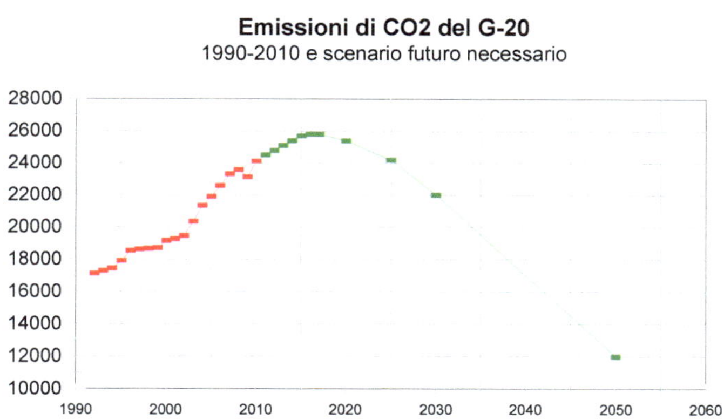

Figura 11.8. Emissioni effettive di CO_2 del G-20 dal 1990 al 2010 e scenario fino al 2050 necessario alla protezione del clima

12 Indicatori di paesi chiave

12.1 Stati Uniti d'America (USA)

La parte di emissioni di CO_2 attribuita in quest'analisi agli Stati Uniti, è nel 2030 di 3'700 Mt. Assumendo per questa data un PIL (ppa) di 20.000 miliardi ($ del 2007), si ottiene un indicatore CO_2 di sostenibilità η = 185 g di CO_2/$. La figura 12.1 mostra il grafico degli indicatori reali dal 1980 al 2010 e il grafico fino al 2030 necessario alla protezione del clima. I valori per il 2017 tengono conto di un PIL (ppa) di 16'200 miliardi di dollari ($ del 2007), PIL previsto per questa data dal FMI (Fondo Monetario Internazionale).

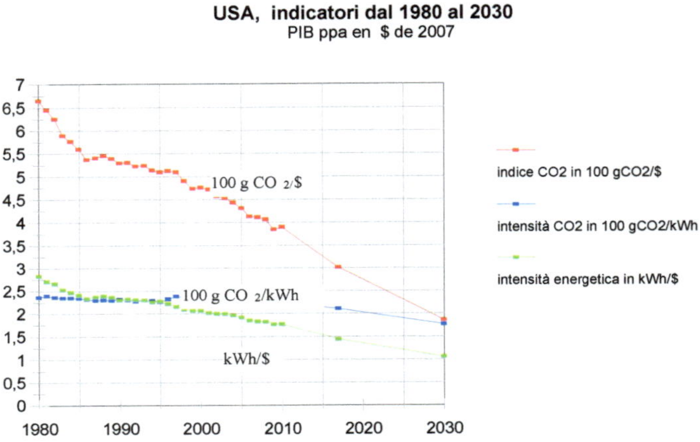

Figura 12.1. Indicatori reali degli Stati Uniti d'America dal 1980 al 2010 e scenario fino al 2030 per la protezione del clima

Con questo scenario, il consumo lordo di energia negli Stati Uniti è nel 2030 di 1'800 milioni di tep. Gli indicatori pro capite per l'energia e le emissioni di CO_2 nel 2030 diventano:

e = 6.5 kW pro capite (riduzione del 27% rispetto al 2010) e
α = 10 t CO_2 pro capite. (diminuzione del 42% rispetto al 2010).

Le emissioni di CO_2 evolvono come mostrato nella figura 12.2.

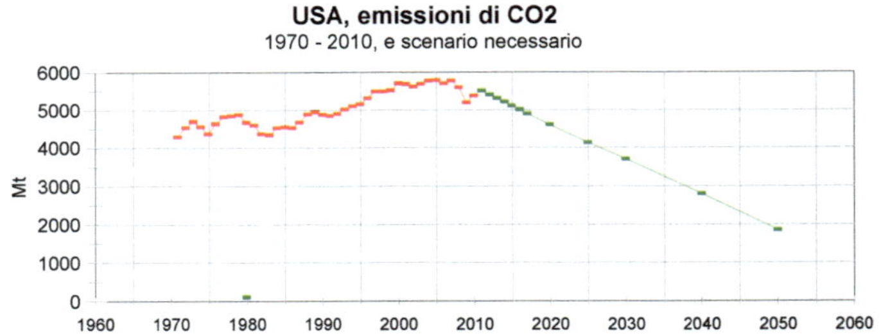

Figura 12.2. Emissioni reali di CO_2 degli Stati Uniti d'America dal 1970 al 2010 e scenario fino al 2050 necessario per la protezione del clima

12.2 Cina

La parte di emissioni di CO_2 attribuita in quest'analisi alla Cina, è nel 2030 di 7'340 Mt. Assumendo per questa data un PIL (ppa) di 27'000 miliardi ($ del 2007), si ottiene un indicatore CO_2 di sostenibilità η = 272 g di CO_2/$. La figura 12.3 mostra il grafico degli indicatori reali dal 1990 al 2010 e il grafico fino al 2030 necessario alla protezione del clima.

I valori per il 2017 tengono conto di un PIL (ppa) di 17'000 miliardi di dollari ($ del 2007), PIL previsto per questa data dal FMI (Fondo Monetario Internazionale).

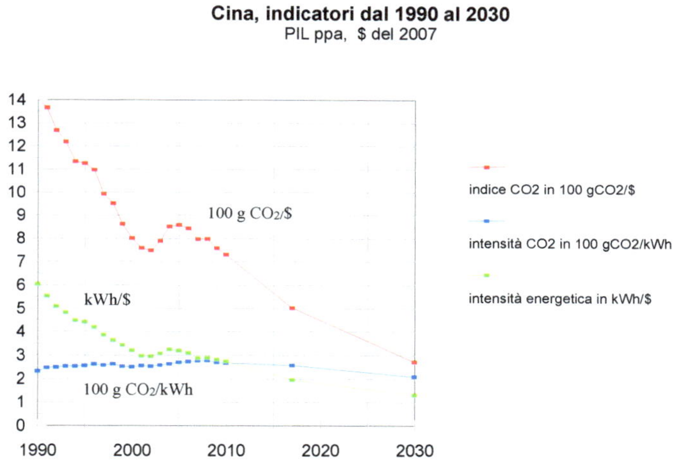

Figura 12.3. Indicatori reali della Cina dal 1990 al 2010 e scenario fino al 2030 per la protezione del clima

Con questo scenario, il consumo lordo di energia della Cina è nel 2030 di 1'800 Mtep. Gli indicatori pro capite per l'energia e le emissioni di CO_2 nel 2030 diventano:

e = 2.9 kW pro capite (aumento del 25% rispetto al 2010) e

α = 5.3 t CO_2 pro capite. (diminuzione del 2% rispetto al 2010).

Le emissioni di CO_2 evolvono come mostrato nella figura 12.4.

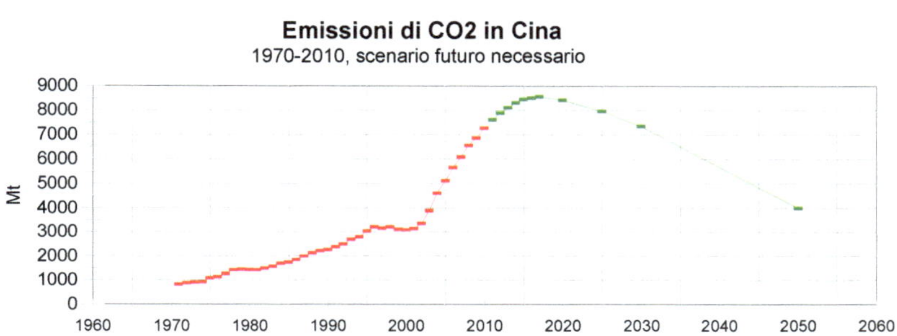

Figura 12.4 Emissioni reali di CO_2 della Cina dal 1970 al 2010 e scenario fino al 2050 necessario per la protezione del clima

12.3 India

La parte di emissioni di CO_2 attribuita in quest'analisi all'India, è nel 2030 di 2'200 Mt. Assumendo per questa data un PIL (ppa) di 10'000 miliardi ($ del 2007), si ottiene un indicatore CO_2 di sostenibilità η = 220 g di CO_2/$. La figura 12.5 mostra il grafico degli indicatori reali dal 1980 al 2010 e il grafico fino al 2030 necessario alla protezione del clima.

I valori per il 2017 tengono conto di un PIL (ppa) di 5'800 miliardi di dollari ($ del 2007), PIL previsto per questa data dal FMI (Fondo Monetario Internazionale).

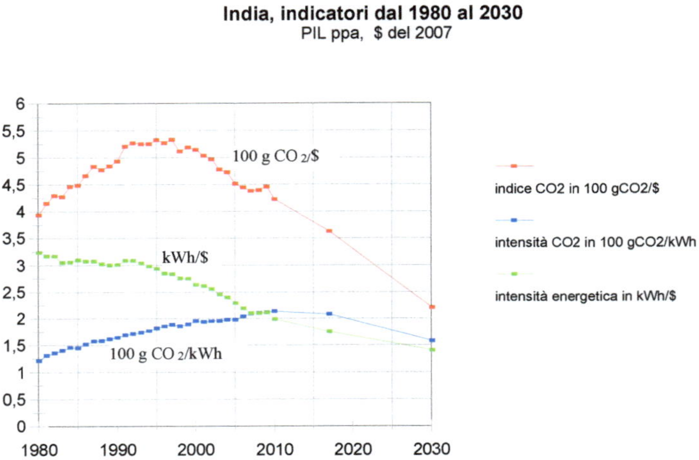

Figura 12.5. Indicatori reali dell'India dal 1980 al 2010 e scenario fino al 2030 per la protezione del clima

Con questo scenario, il consumo lordo di energia del'India è nel 2030 di 1'200 Mtep. Gli indicatori pro capite per l'energia e le emissioni di CO_2 nel 2030 diventano:

e = 1.2 kW pro capite (aumento del 60% rispetto al 2010) e
α = 1.6 t CO_2 pro capite. (diminuzione del 13% rispetto al 2010).

Le emissioni di CO_2 evolvono come mostrato nella figura 12.6

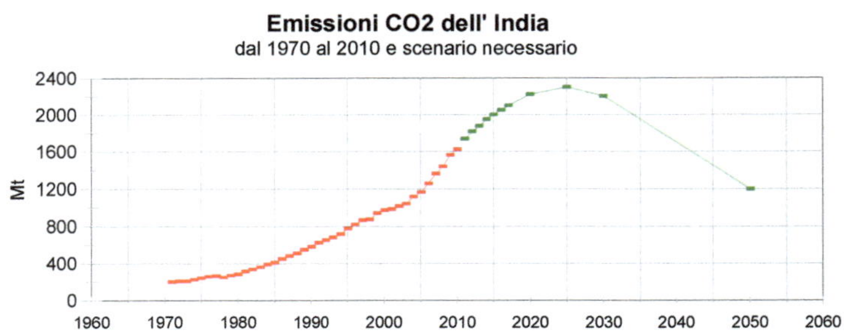

Figura 12.6. Emissioni reali di CO_2 dell'India dal 1970 al 2010 e scenario fino al 2050 necessario per la protezione del clima

12.4 Giappone

La parte di emissioni di CO_2 attribuita in quest'analisi al Giappone, è nel 2030 di 800 Mt. Assumendo per questa data un PIL (ppa) di 5'200 miliardi ($ del 2007), si ottiene un indicatore CO_2 di sostenibilità η = 154 g di CO_2/$. La figura 12.7 mostra il grafico degli indicatori reali dal 1980 al 2010 e il grafico fino al 2030 necessario alla protezione del clima.

I valori per il 2017 tengono conto di un PIL (ppa) di 4'400 miliardi di dollari ($ del 2007), PIL previsto per questa data dal FMI (Fondo Monetario Internazionale).

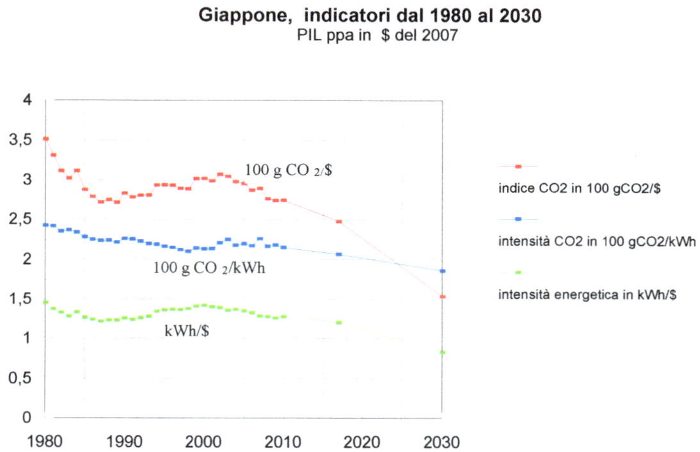

Figura 12.7. Indicatori reali del Giappone dal 1980 al 2010 e scenario fino al 2030 per la protezione del clima

Con questo scenario, il consumo lordo di energia del Giappone è nel 2030 di 370 Mtep. Gli indicatori pro capite per l'energia e le emissioni di CO_2 nel 2030 diventano:

e = 3.9 kW pro capite (diminuzione del 19% rispetto al 2010) e
α = 1.6 t CO_2 pro capite. (diminuzione del 30% rispetto al 2010).

Le emissioni di CO_2 evolvono come mostrato nella figura 12.8.

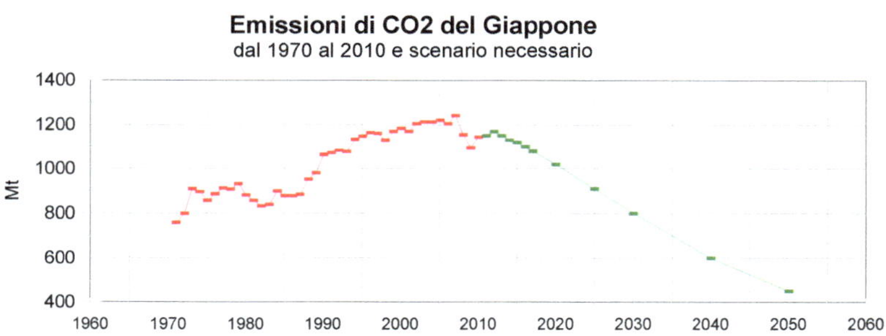

Figura 12.8. Emissioni reali di CO_2 del Giappone dal 1970 al 2010 e scenario fino al 2050 necessario per la protezione del clima

13 Riassunto : popolazione, energia, PIL e emissioni di CO_2 : Mondo, OCSE, non-OCSE, G-20

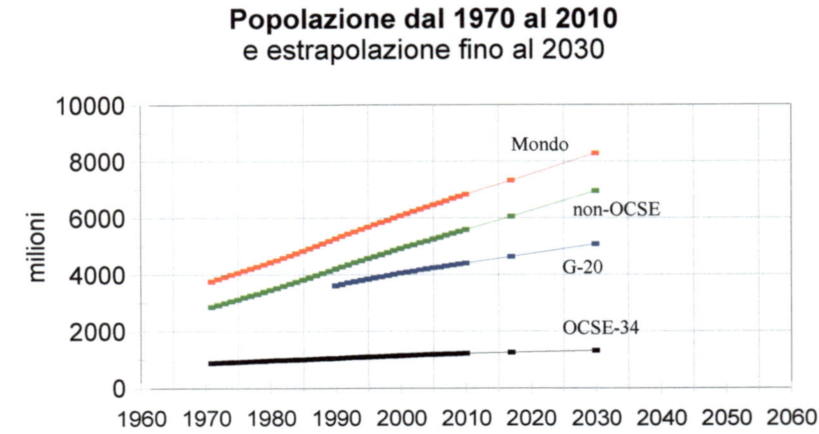

Figura 13.1. Popolazione dal 1970 al 2010 e estrapolazione fino al 2030

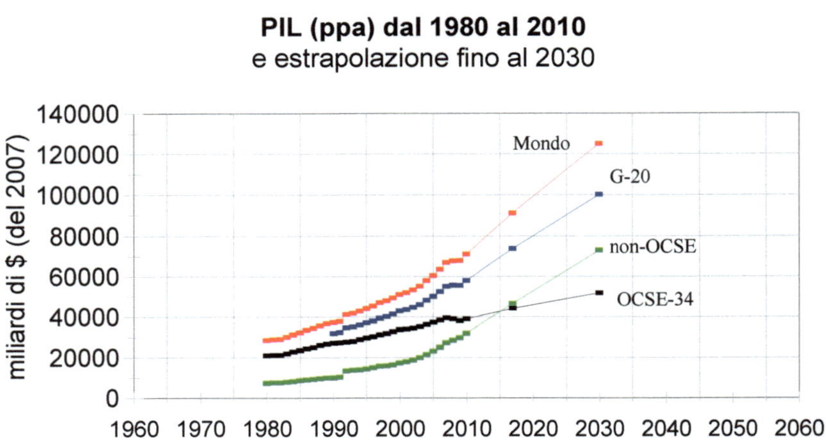

Figura 13.2. Prodotto interno lordo, a parità di potere d'acquisto, in dollari del 2007, dal 1980 al 2010 e estrapolazione fino al 2030. I valori per il 2017 corrispondono alle previsioni del FMI

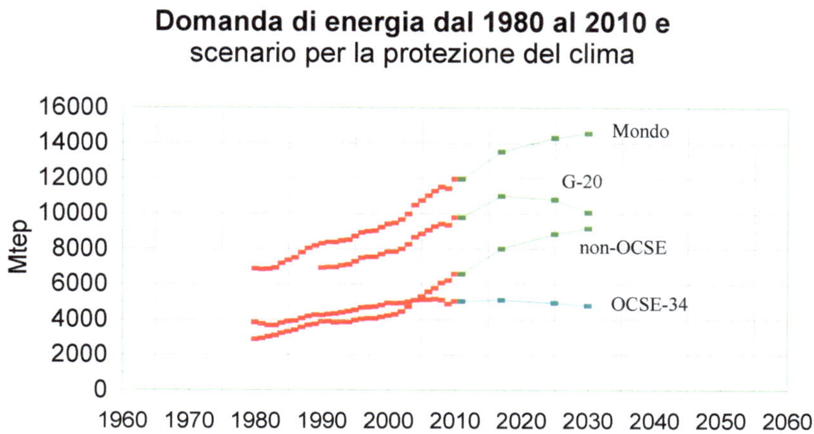

Figura 13.3. Domanda lorda di energia (a fini energetici) dal 1980 al 2010 e scenario fino al 2030 per la protezione del clima

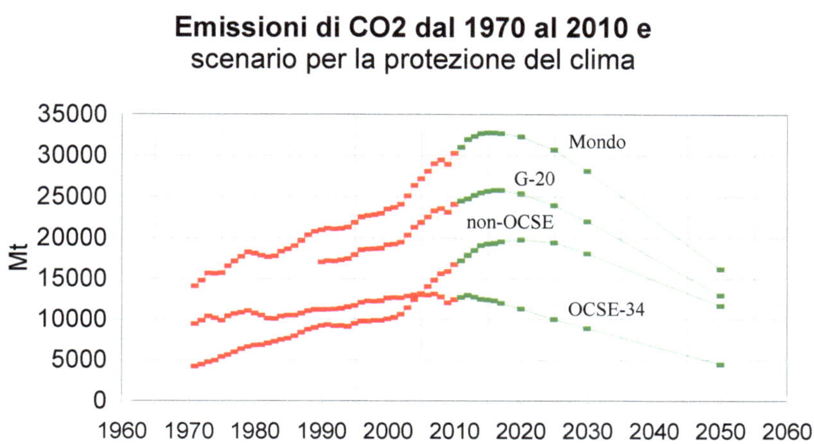

Figura 13.4. Emissioni di CO_2 (dovute all'energia) dal 1970 al 2010 e scenario fino al 2050 per la protezione del clima (Mondo : bunkeraggi marittimi e aeronautici compresi)

14 Osservazioni conclusive

Gli obiettivi fissati per la protezione del clima possono essere raggiunti solo con gli sforzi comuni di tutti i paesi con popolazione elevata ed economicamente sviluppati. Gli Stati Uniti d'America, l'UE-15, il Giappone e gli altri paesi dell'OCSE, la Cina e l'India producono con 55% della popolazione mondiale il 75% del PIL (ppa). La cooperazione di questi paesi con la partecipazione di altri paesi emergenti con forte potenziale demografico o economico come la Russia, il Brasile e i paesi del G-20 è essenziale. L'intensità energetica, l'intensità CO_2 dell'energia e il loro prodotto devono essere criteri accettati, determinati in modo attendibile e migliorati in base alle possibilità del potere di 'acquisto locale. Inoltre, i meccanismi di scambio dei diritti di emissione, da applicare più strettamente, sono molto utili e la possibilità di una tassa globale CO_2 dovrebbe essere presa in considerazione.

L'attuale crisi finanziaria/economica non facilita il compito. È probabile che i dati del fabbisogno energetico e del PIL subiscano in molti paesi modifiche sostanziali a causa della recessione. L'effetto sul bilancio del CO_2 è incerto. Aspettiamo i dati degli anni 2011-2014 con una certa apprensione. Essi mostreranno a qual punto la protezione del clima è presa sul serio dalla comunità internazionale.

Riferimenti :

[1] Stocker T.: Die Erde im Treibhaus, Bulletin SEV/VSE, Berne, 2007
[2] IPCC (Intergovernmental Panels on Climate Change): 4° rapporto 2007
[3] Crastan V.: Elektrische Energieversorgung 2, 3ª edizione, edizioni Springer, 2012
[4] IMF International Monetary Fund, World Economic Databases, october 2012
[5] IEA, International Energy Agency: World Energy Outlook, 2006
[6] IEA World Energy Outlooks, 2007- 2012
[7] IEA Key World Energy Statistics, 2006- 2012
[8] IEA CO_2-Emissions from Fuel Combustion, Highlights 2011
[9] IEA, Statistics & Balances, www.iea.org 2012

Auteur:

Prof. Dr.-Ing. Valentin Crastan

Pubblicazioni principali (libri) :

Elektrische Energieversorgung 1, 3ª edizione, edizioni Springer, 2012
Elektrische Energieversorgung 2, 3ª edizione, edizioni Springer, 2012
Elektrische Energieversorgung 3, edizioni Springer, 2012

Evilard (CH), dicembre 2012

Appendice:

Economia energetica mondiale e dei membri del G-20

I grafici seguenti A1...A5, illustrano, per il mondo intero e per tutti i paesi del G-20, l'essenziale dell'economia energetica del 2009 e le corrispondenti emissioni di CO_2. Il grafico A6 mostra il tasso medio di variazione annuale degli indicatori reali fino al 2010 e i tassi necessari per la tutela del clima fino al 2030.

A1: Domanda lorda di energia

Domanda lorda di energia e la sua distribuzione in **energia finale + perdite del settore energetico**. L'energia finale è suddivisa in trasporti (senza elettricità, quindi carburanti), "calore" (senza elettricità e teleriscaldamento, compreso il lavoro non elettrico, di solito minimo), teleriscaldamento, elettricità (tutte le applicazioni).

A2: Fonti energetiche

Fonti energetiche impiegate per la produzione dell'energia finale e per coprire le perdite del settore energetico. **L'energia finale** è data in % e suddivisa come nel grafico A1. Il diagramma mostra anche le percentuali di energia finale richieste dai settori industria, trasporti e altri (residenziale, servizi, agricoltura ecc.).

A3: Settore energetico

Del settore energetico sono rappresentate l'elettricità, l'energia calorica teletrasmessa e le perdite del settore. Queste perdite sono la somma delle perdite nelle centrali termoelettriche, delle perdite elettriche (trasmissione e uso proprio) e delle perdite residue (raffinerie, gassificazione, liquefazione, perdite delle centrali termiche, perdite di trasmissione del calore, uso proprio ecc.). Il diagramma fornisce un'indicazione dell'efficienza del settore energetico..

A4: Produzione di energia elettrica

Percentuali delle fonti energetiche utilizzate per produrre l'elettricità.

Il consumo interno di energia elettrica è indicato, se differisce più dell'1% dalla produzione o se le importazioni o le esportazioni superano il 3% dal consumo interno.

A5: Emissioni di CO_2

Emissioni totali di CO_2 nei tre settori : " calore" (vedesi definizione A1), carburanti, settore energetico (vedesi definizione A3).

A6: Indicatori

Questo grafico è frutto dell'analisi effettuata nei capitoli precedenti e mostra per **l'intensità energetica**, per **l'intensità CO_2 dell'energia** e per **l'indicatore CO_2 di sostenibilità risultante,** i **tassi medi reali di variazione in %/anno** dal 2000 al 2004, dal 2004 al 2008 e i **tassi medi** dal 2008 al 2017 e dal 2017 al 2030 corrispondenti agli scenari contemplati e necessari alla protezione del clima.

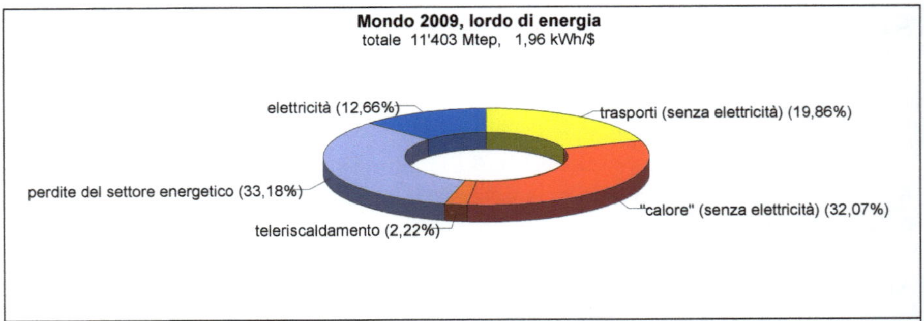

A1. Domanda lorda di energia = energia finale + perdite del settore energetico

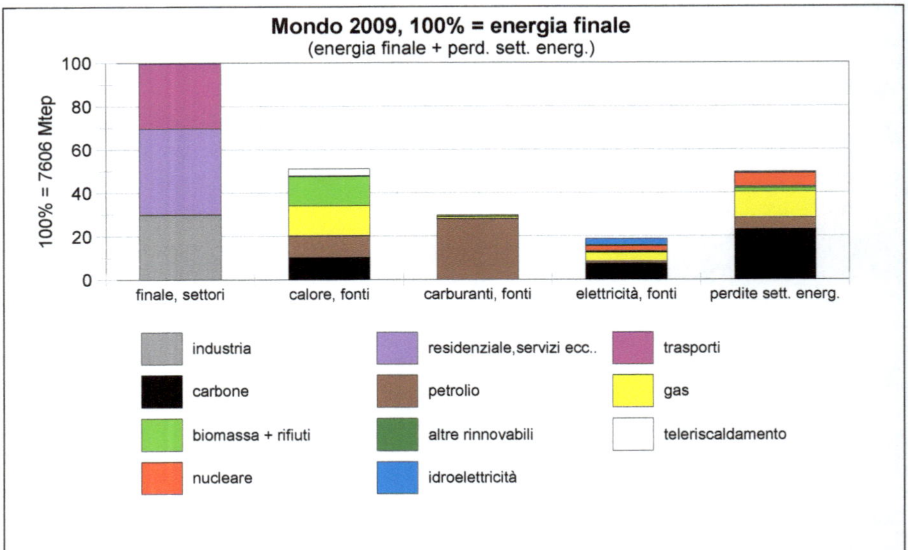

A2. Energia finale, perdite del settore energetico, fonti energetiche

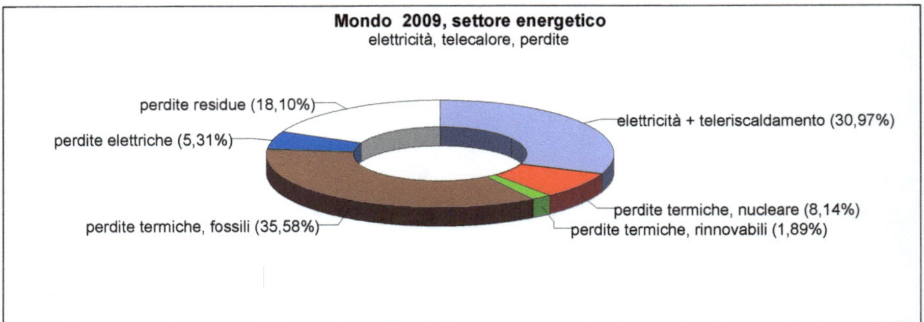

A3. Analisi del settore energetico

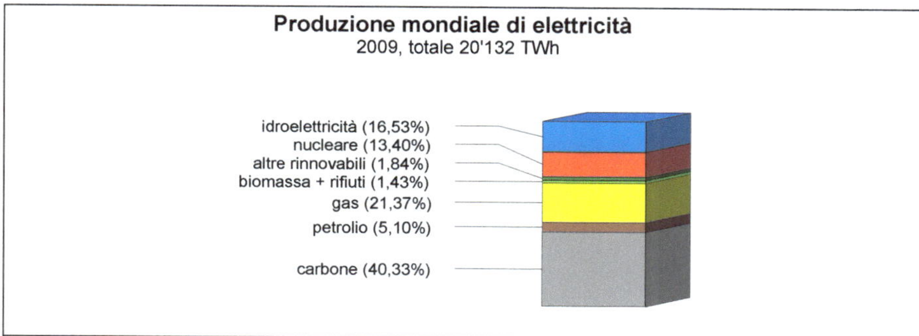

A4. Produzione di energia elettrica

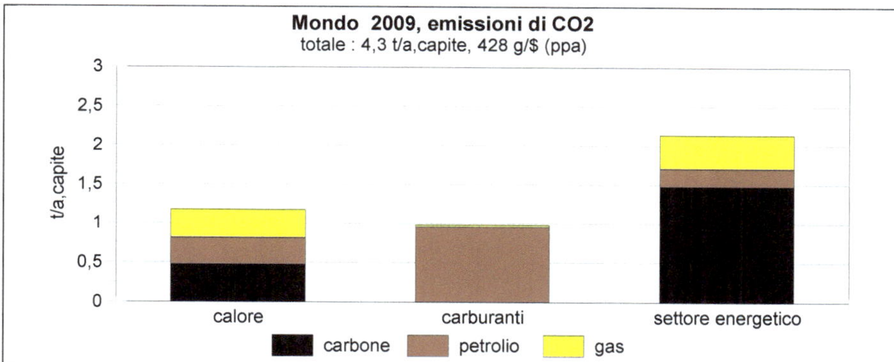

A5. Emissioni di CO_2

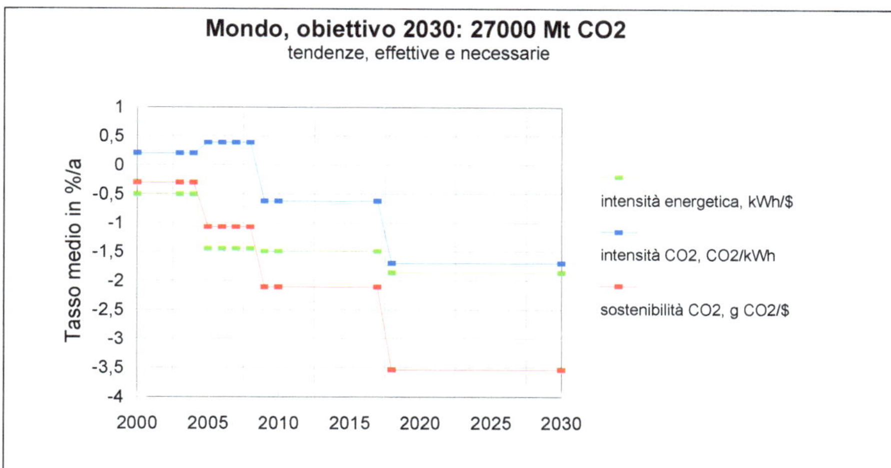

A6. Tassi effettivi dal 2000 al 2004 e dal 2004 al 2008, necessari dal 2008 al 2017 e dal 2017 al 2030

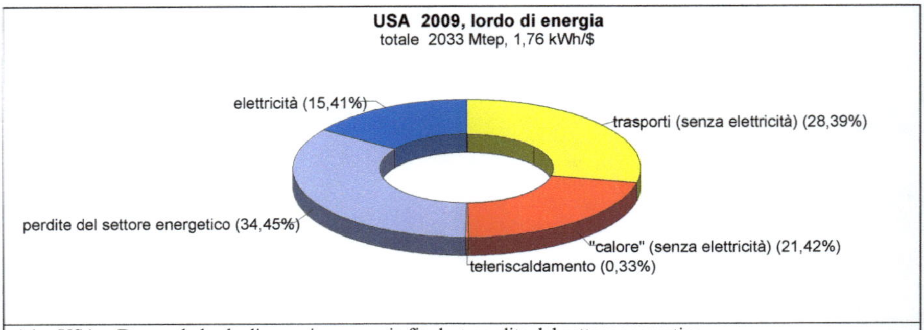

A1. USA: Domanda lorda di energia = energia finale + perdite del settore energetico

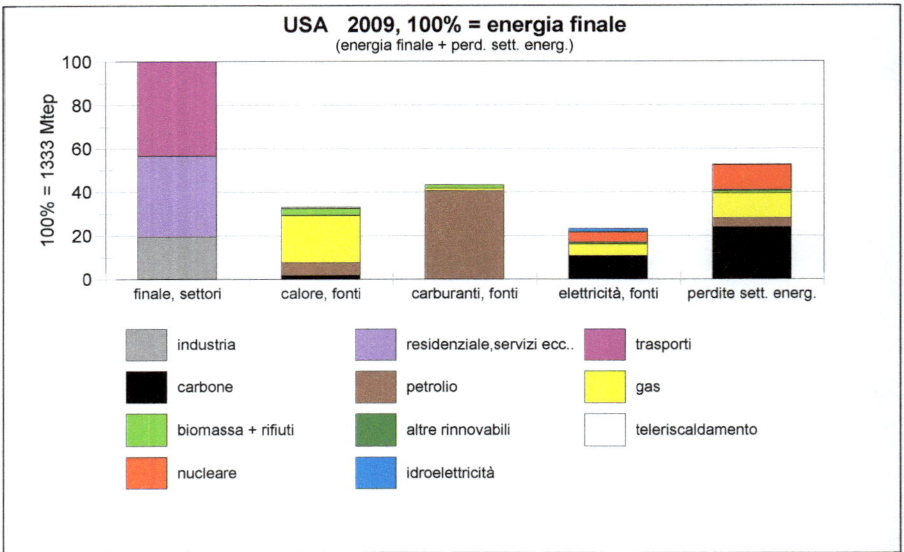

A2. USA: Energia finale, perdite del settore energetico, fonti energetiche

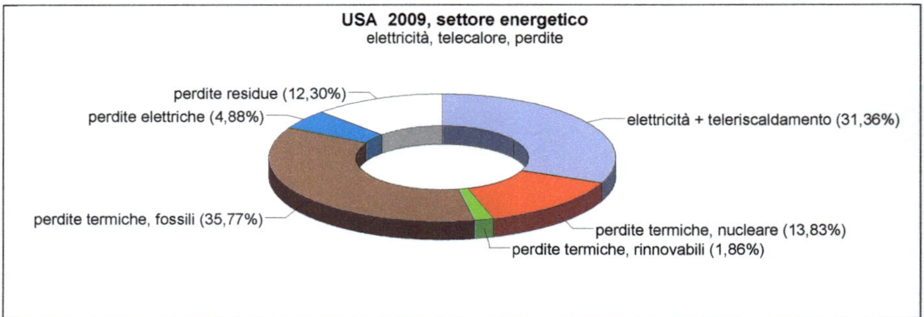

A3. USA: Analisi del settore energetico

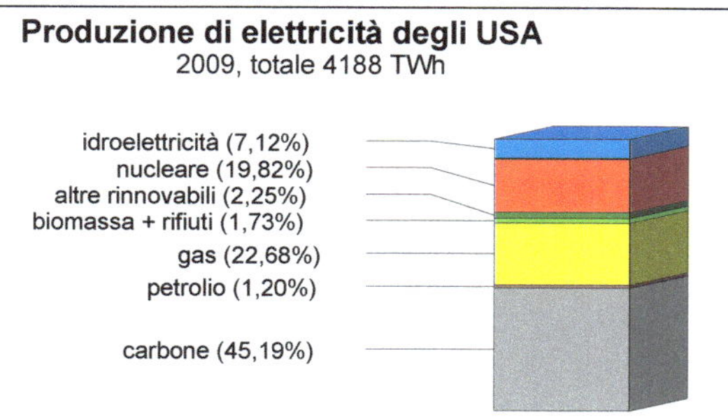

A4. USA: Produzione di energia elettrica

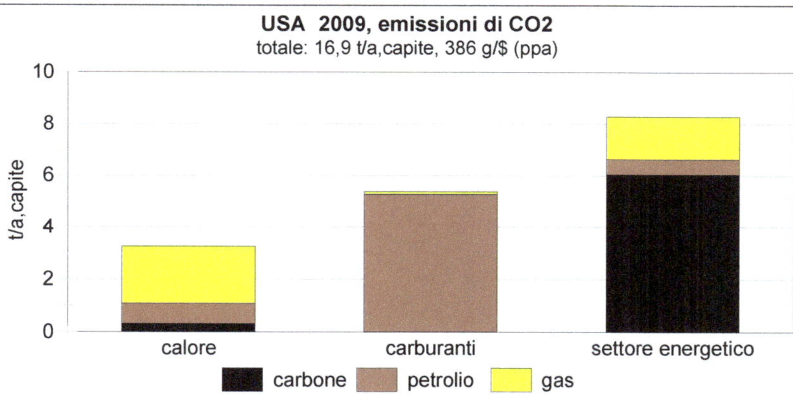

A5. USA: Emissioni di CO_2

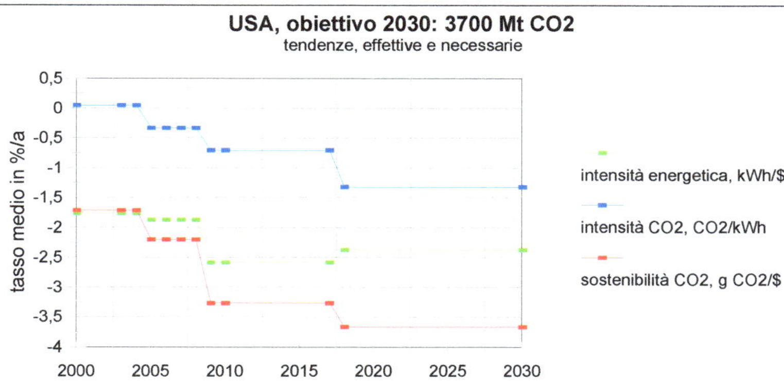

A6. USA: Tassi effettivi dal 2000 al 2004 e dal 2004 al 2008, necessari dal 2008 al 2017 e dal 2017 al 2030

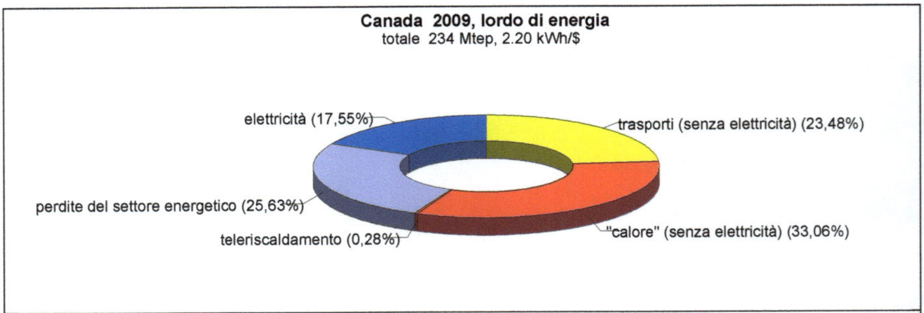

A1. Canada: Domanda lorda di energia = energia finale + perdite del settore energetico

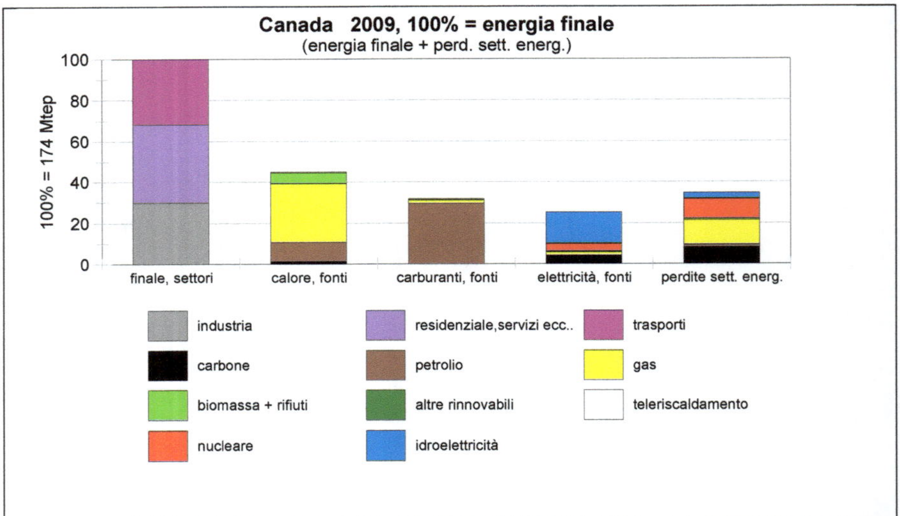

A2. Canada: Energia finale, perdite del settore energetico, fonti energetiche

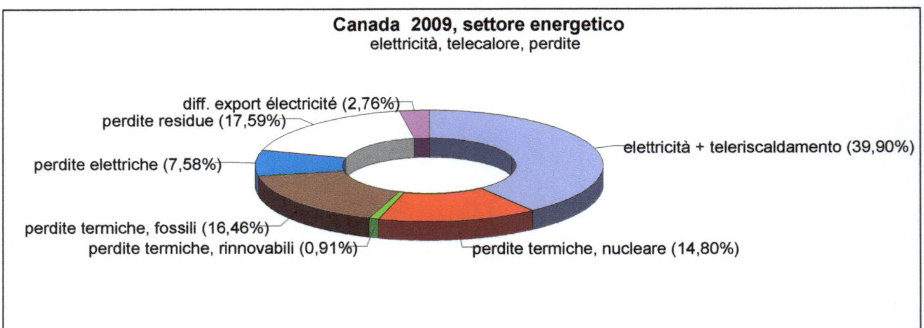

A3. Canada: Analisi del settore energetico

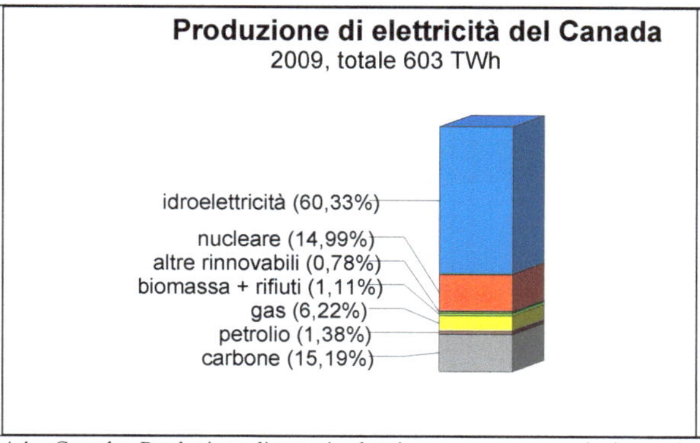

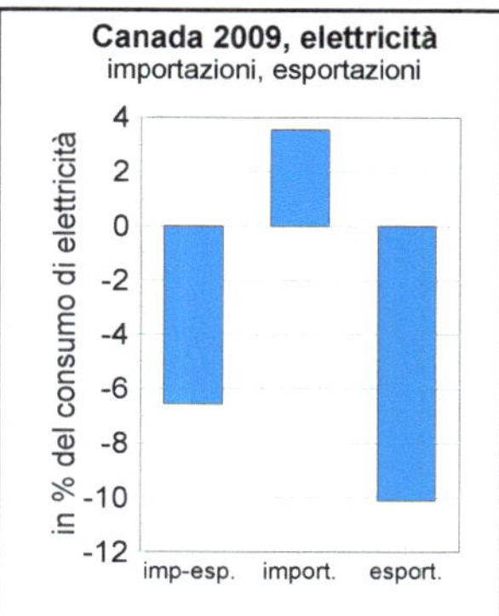

A4. Canada: Produzione di energia elettrica, consumo = produzione + imp- esp

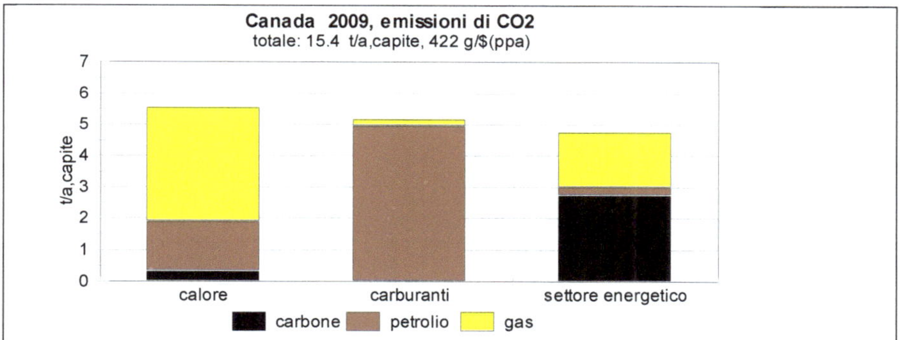

A5. Canada: Emissioni di CO_2

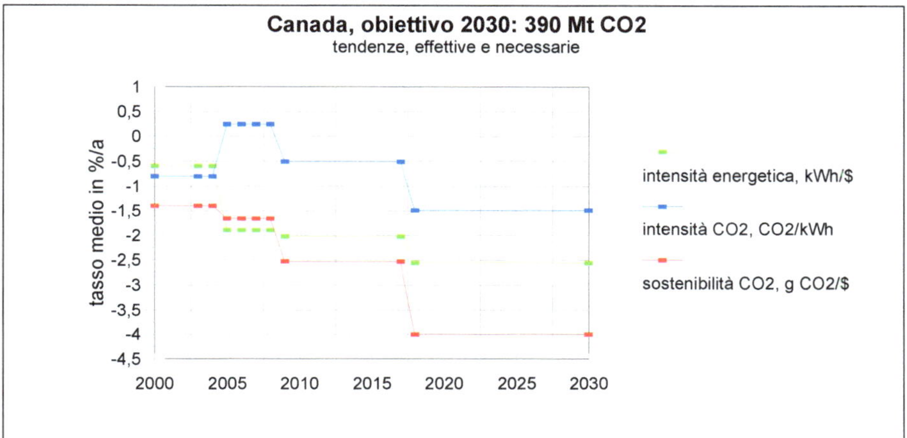

A6. Canada: Tassi effettivi dal 2000 al 2004 e dal 2004 al 2008, necessari dal 2008 al 2017 e dal 2017 al 2030

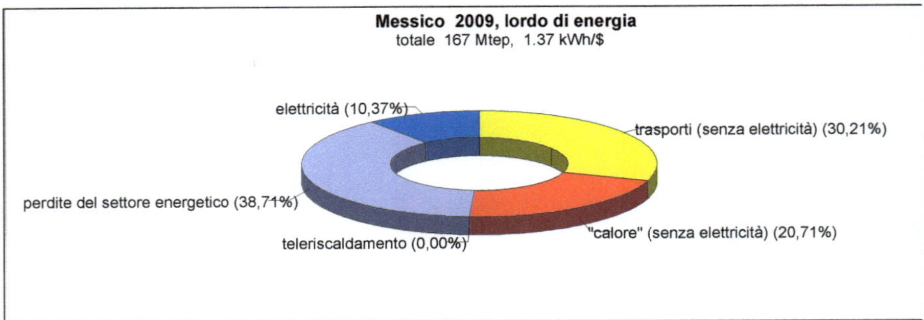

A1. Messico: Domanda lorda di energia = energia finale + perdite del settore energetico

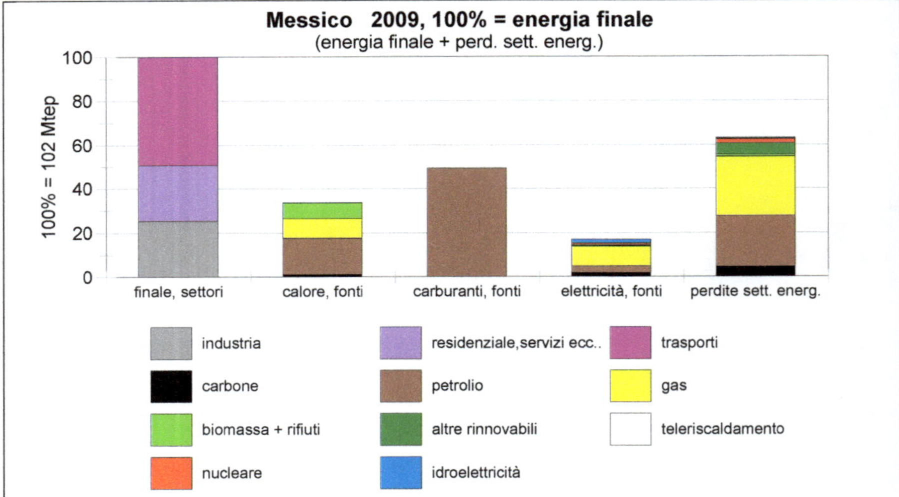

A2. Messico: Energia finale, perdite del settore energetico, fonti energetiche

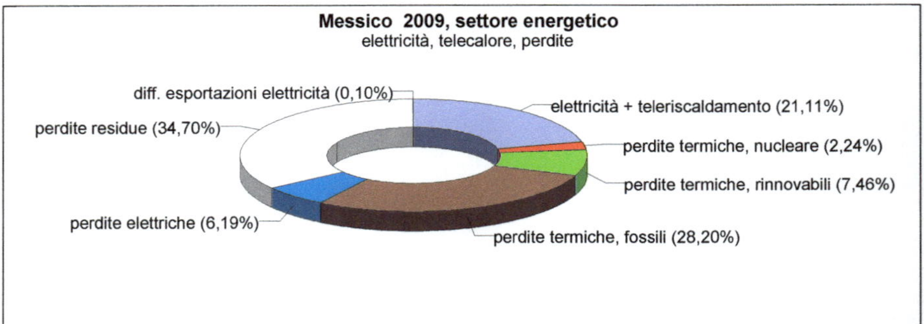

A3. Messico: Analisi del settore energetico

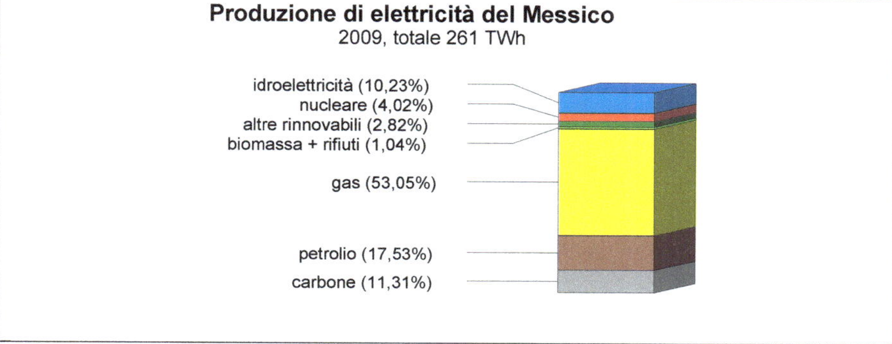

A4. Messico: Produzione di energia elettrica

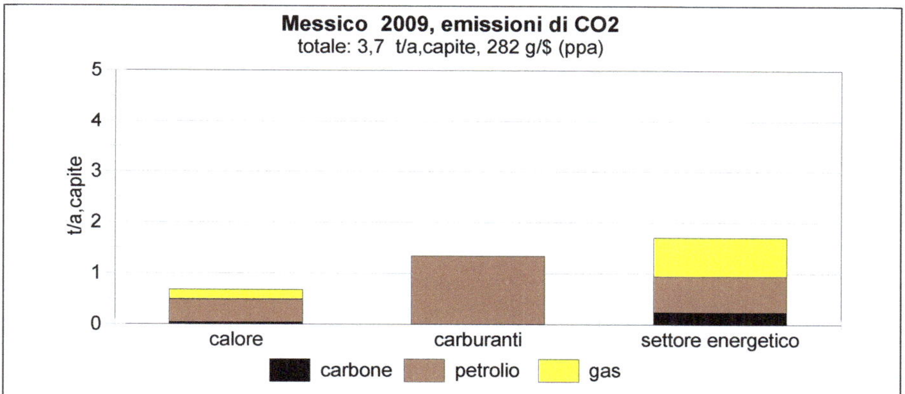

A5. Messico: Emissioni di CO_2

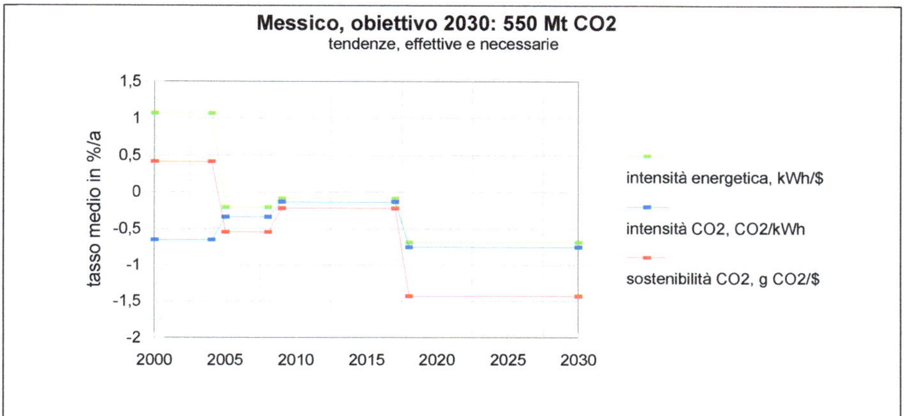

A6. Messico: Tassi effettivi dal 2000 al 2004 e dal 2004 al 2008, necessari dal 2008 al 2017 e dal 2017 al 2030

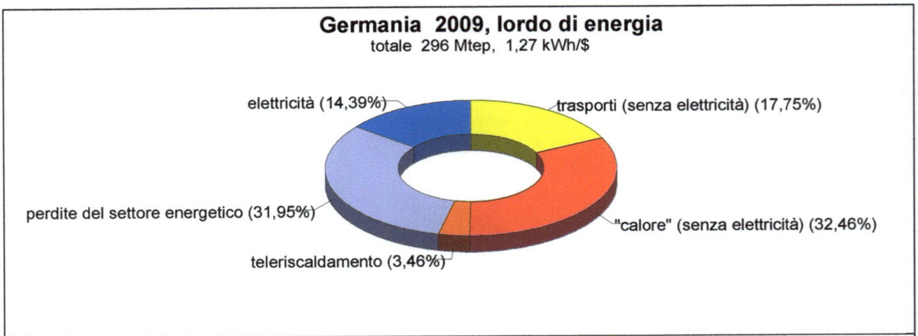

A1. Germania: Domanda lorda di energia = energia finale + perdite del settore energetico

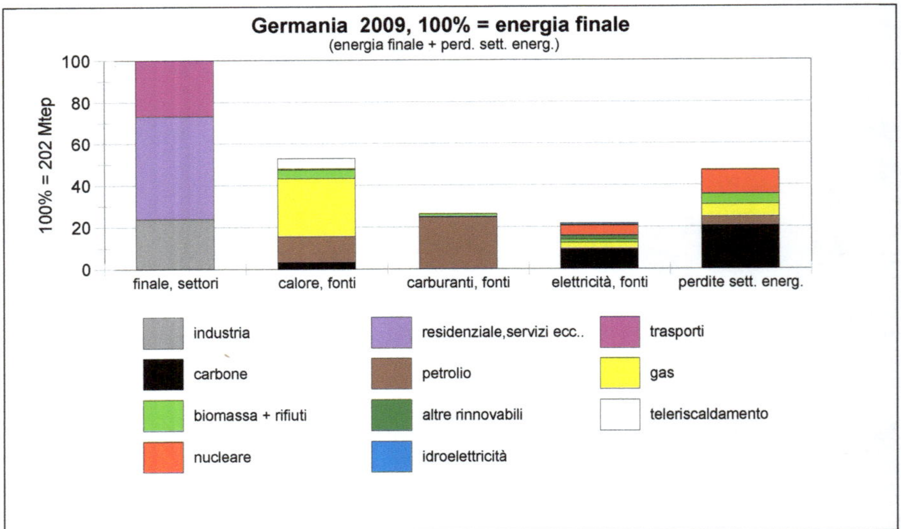

A2. Germania: Energia finale, perdite del settore energetico, fonti energetiche

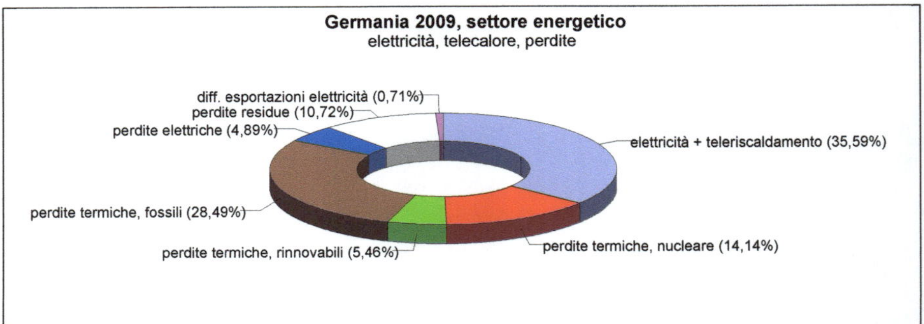

A3. Germania: Analisi del settore energetico

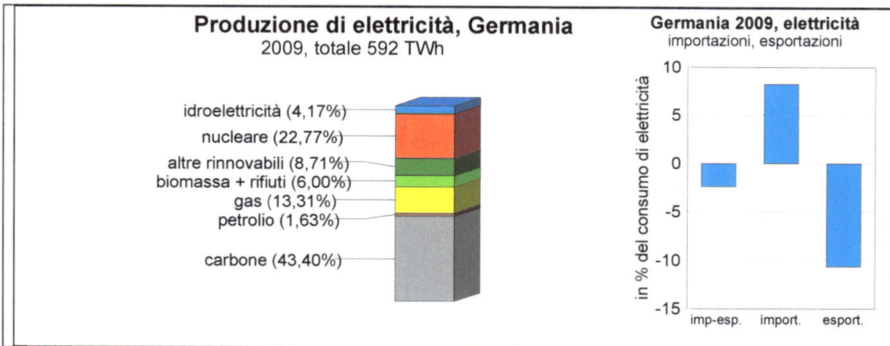

A4. Germania: Produzione di energia elettrica, consumo = produzione + imp- esp

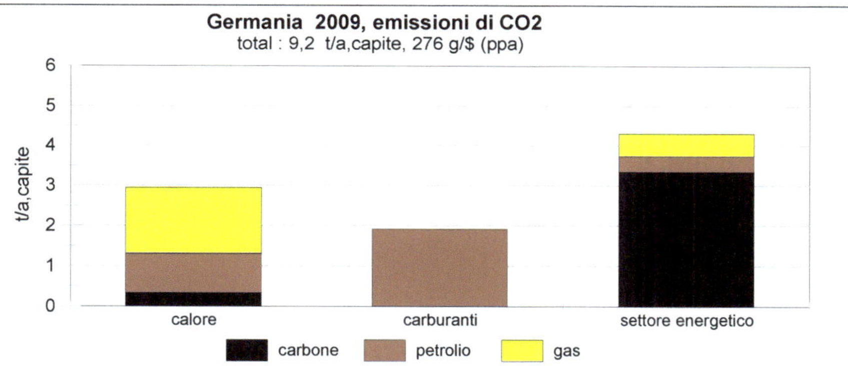

A5. Germania: Emissioni di CO_2

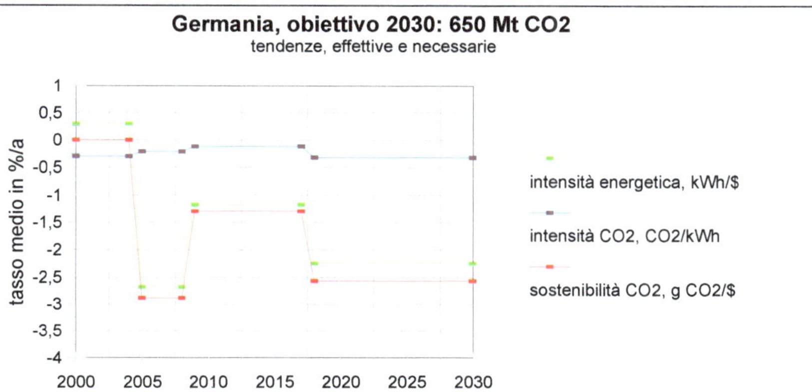

A6. Germania: Tassi effettivi dal 2000 al 2004 e dal 2004 al 2008, necessari dal 2008 al 2017 e dal 2017 al 2030

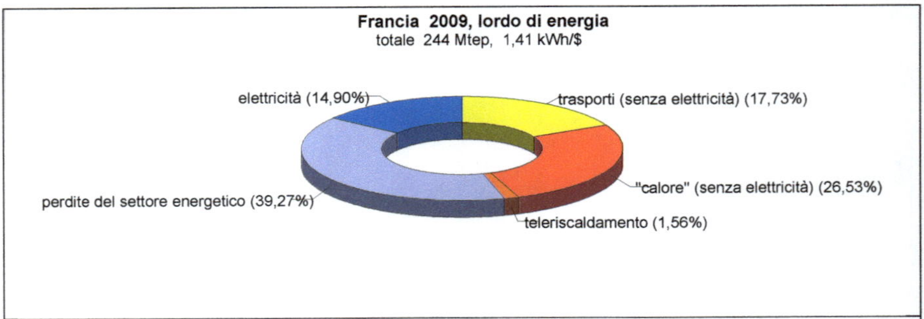

A1. Francia: Domanda lorda di energia = energia finale + perdite del settore energetico

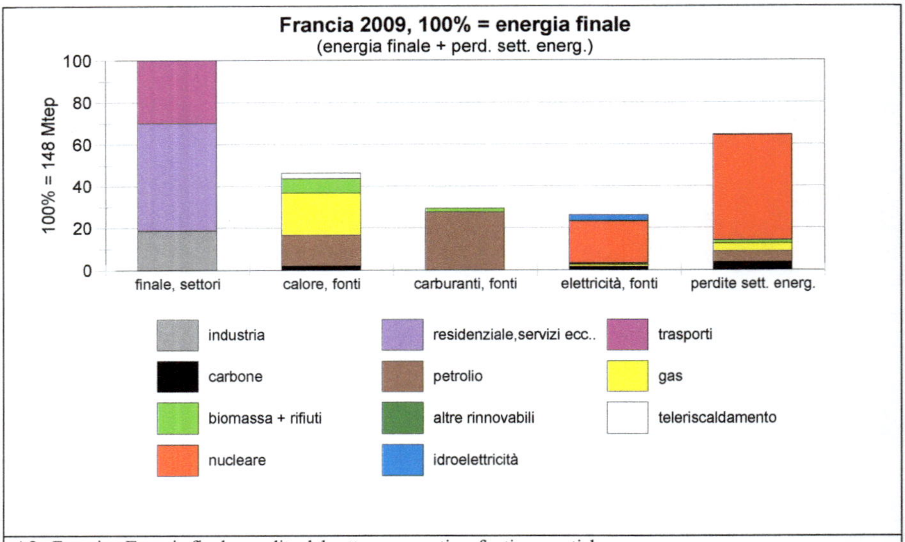

A2. Francia: Energia finale, perdite del settore energetico, fonti energetiche

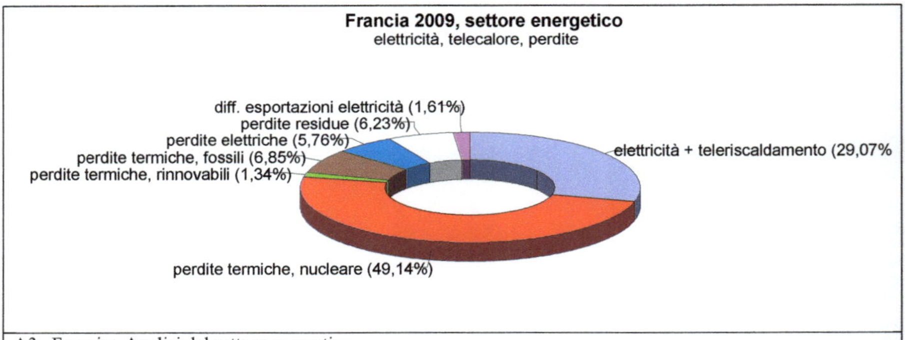

A3. Francia: Analisi del settore energetico

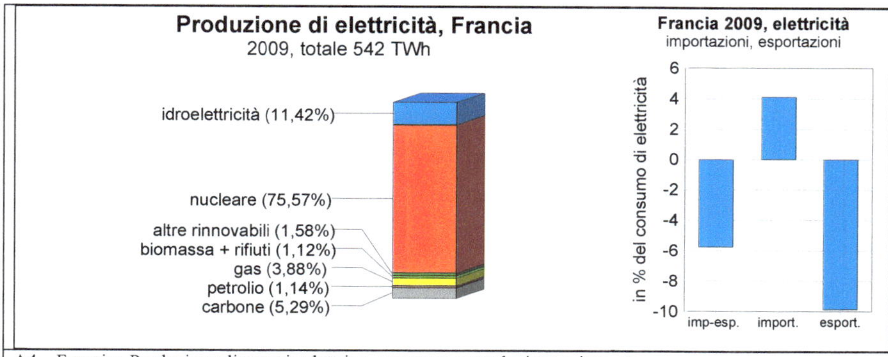

A4. Francia: Produzione di energia elettrica, consumo = produzione + imp- esp.

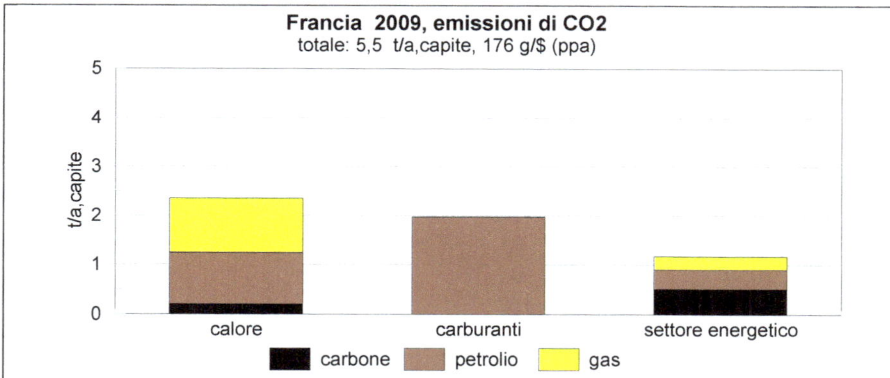

A5. Francia: Emissioni di CO_2

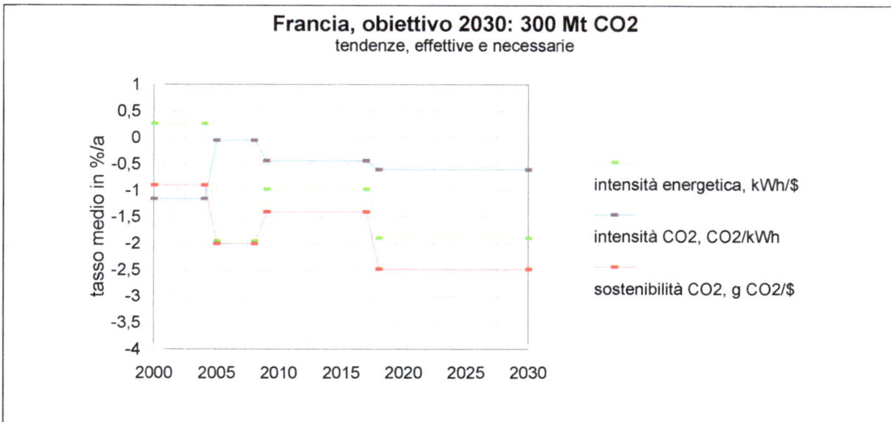

A6. Francia: Tassi effettivi dal 2000 al 2004 e dal 2004 al 2008, necessari dal 2008 al 2017 e dal 2017 al 2030

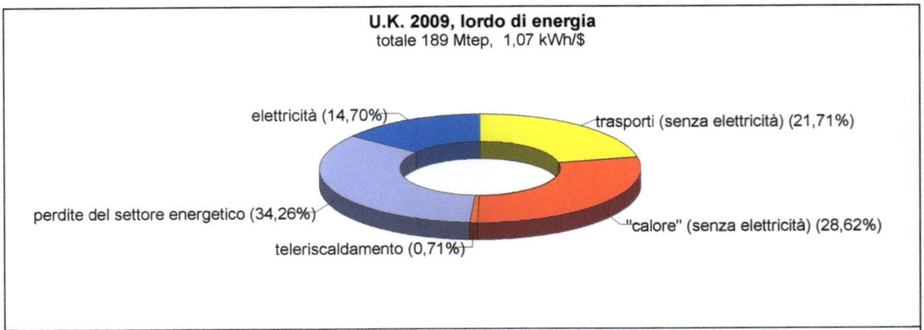

A1. Regno Unito: Domanda lorda di energia = energia finale + perdite del settore energetico

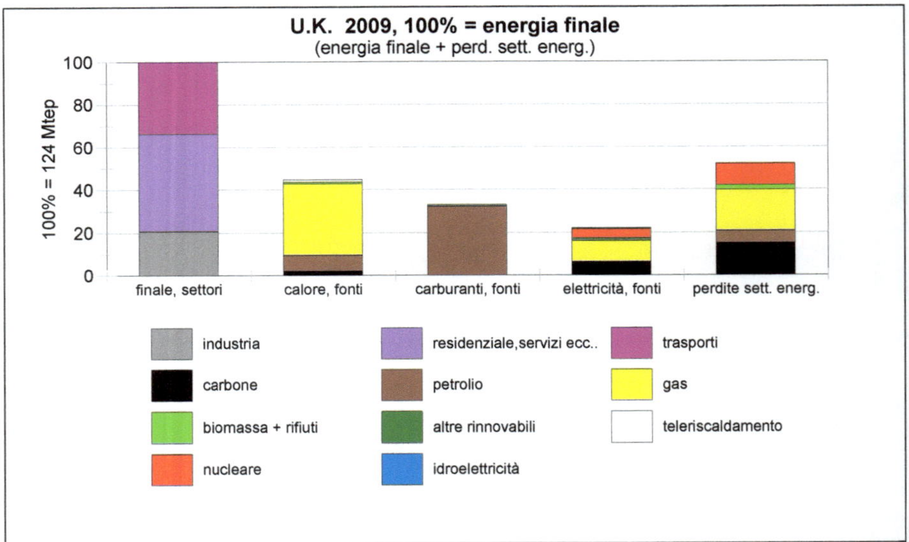

A2. Regno Unito: Energia finale, perdite del settore energetico, fonti energetiche

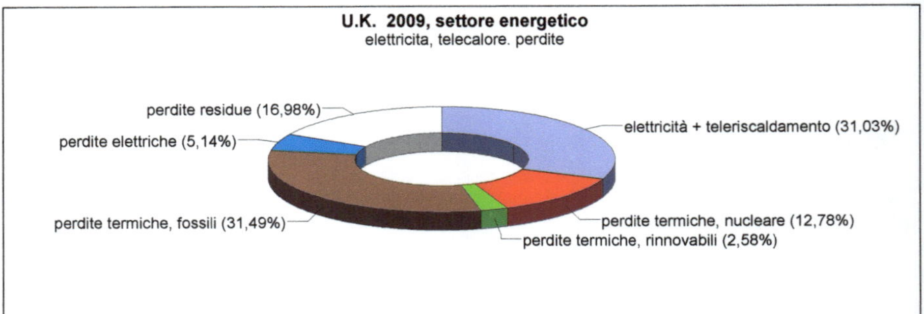

A3. Regno Unito: Analisi del settore energetico

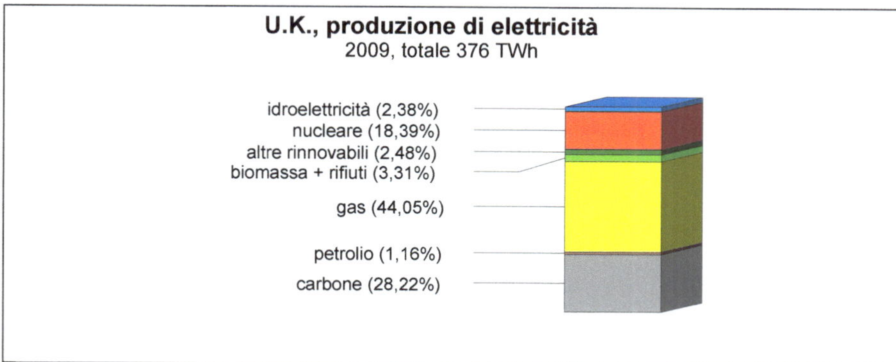

A4. Regno Unito: Produzione di energia elettrica

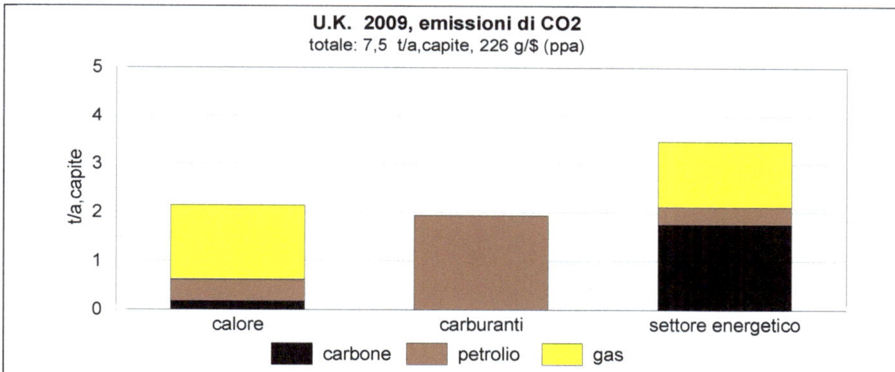

A5. Regno Unito: Emissioni di CO_2

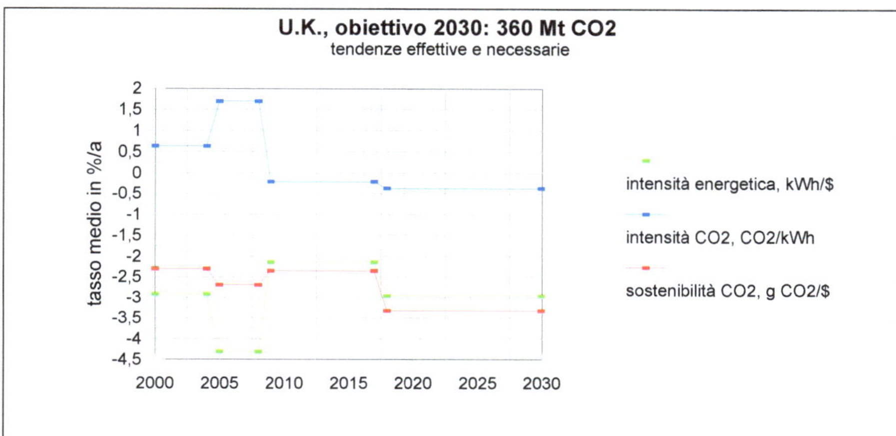

A6. U.K.: Tassi effettivi dal 2000 al 2004 e dal 2004 al 2008, necessari dal 2008 al 2017 e dal 2017 al 2030

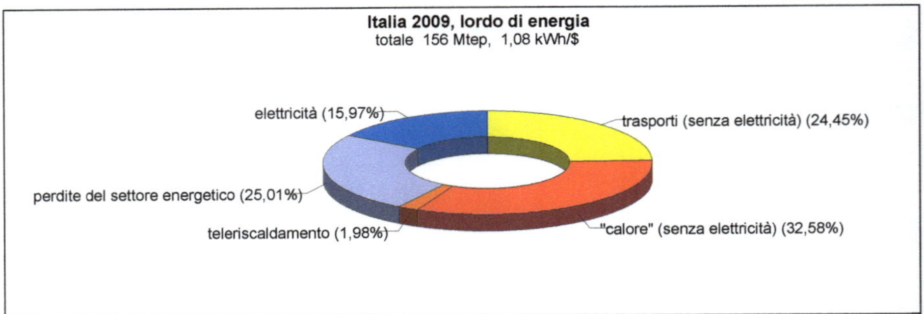

A1. Italia: Domanda lorda di energia = energia finale + perdite del settore energetico

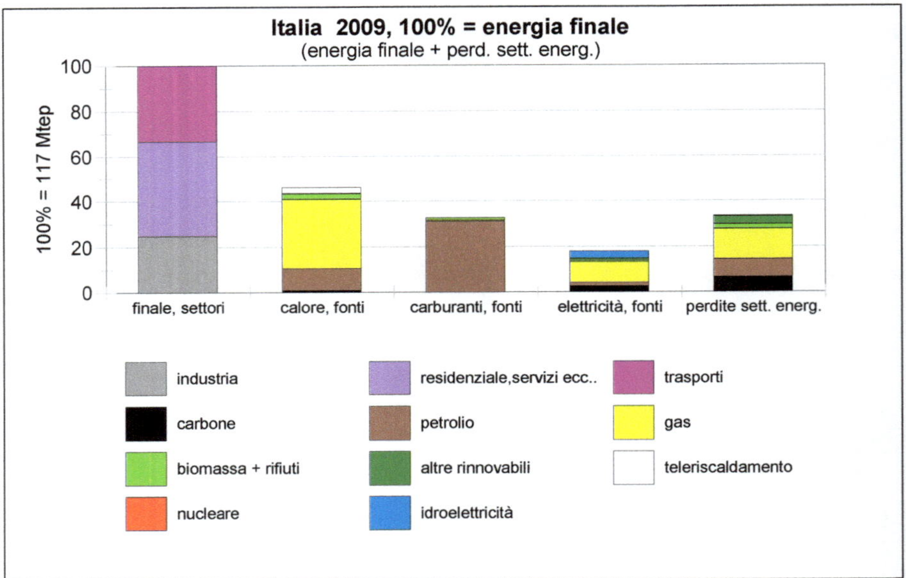

A2. Italia: Energia finale, perdite del settore energetico, fonti energetiche

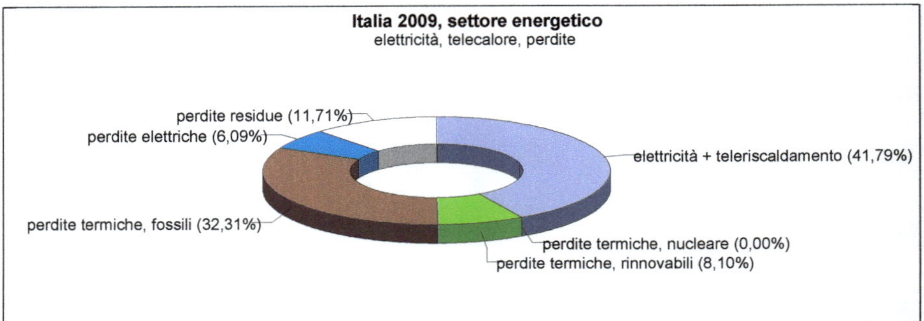

A3. Italia: Analisi del settore energetico

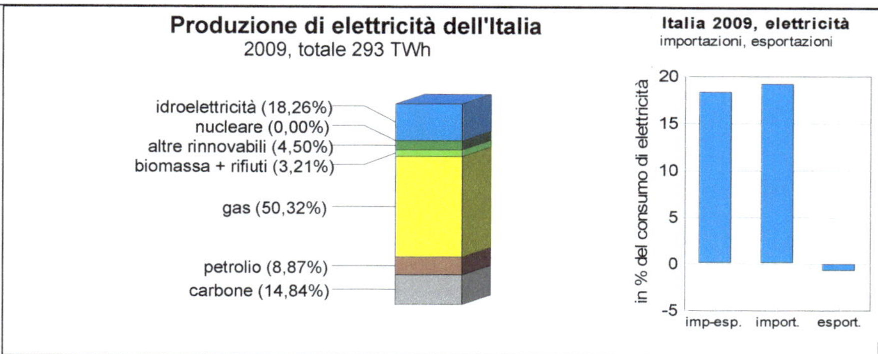

A4. Italia: Produzione di energia elettrica, consumo = produzione + imp- esp.

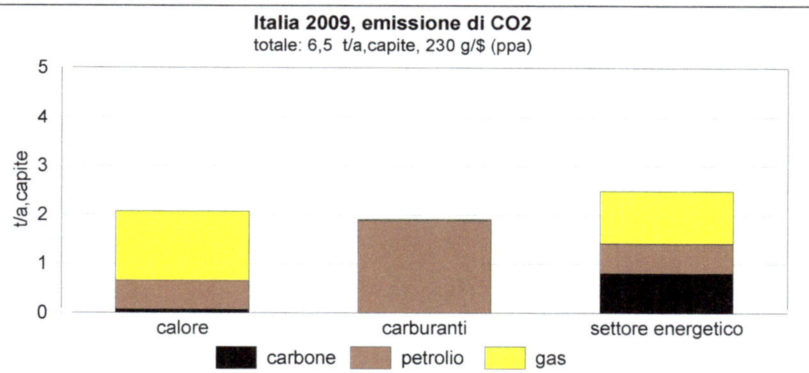

A5. Italia: Emissioni di CO_2

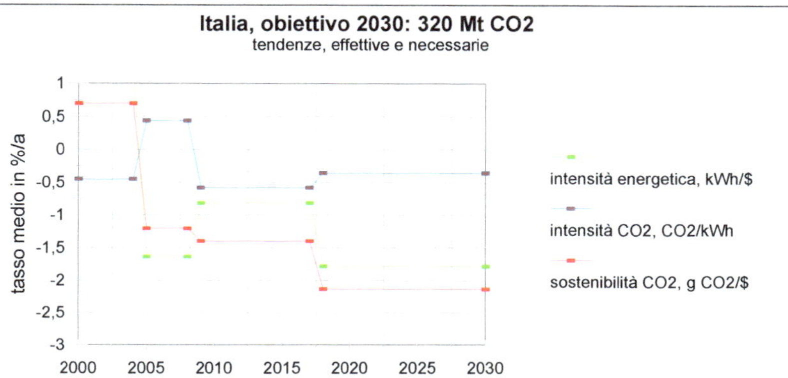

A6. Italia: Tassi effettivi dal 2000 al 2004 e dal 2004 al 2008, necessari dal 2008 al 2017 e dal 2017 al 2030

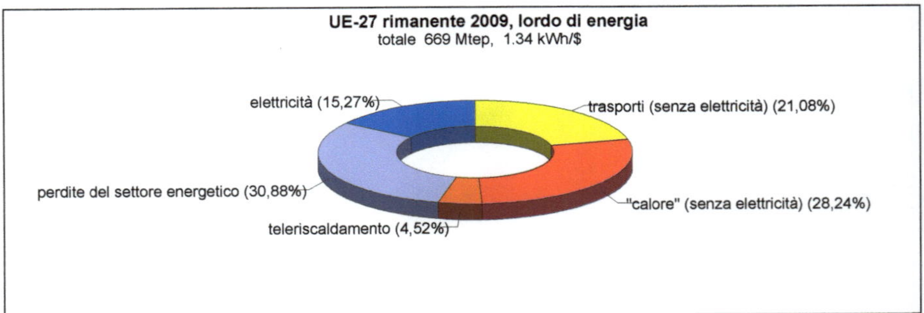

A1. UE-27 rimanente: Domanda lorda di energia = energia finale + perdite del settore energetico

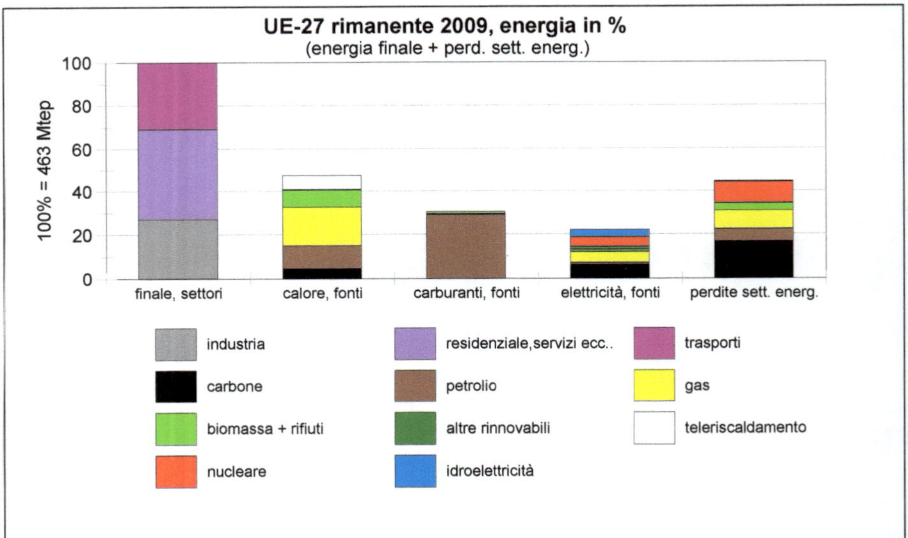

A2. UE-27 rimanente: Energia finale, perdite del settore energetico, fonti energetiche

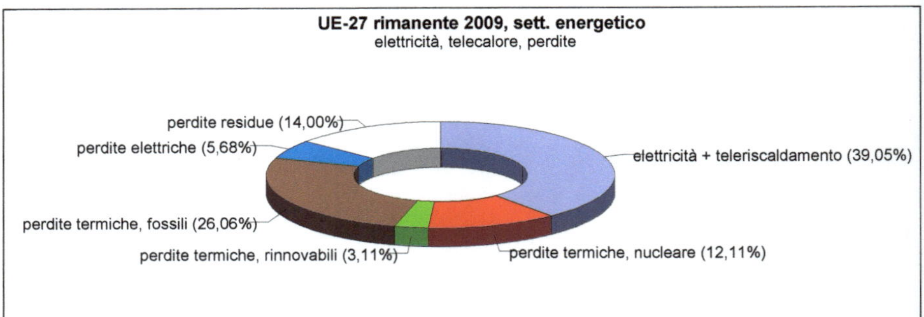

A3. UE-27 rimanente: Analisi del settore energetico

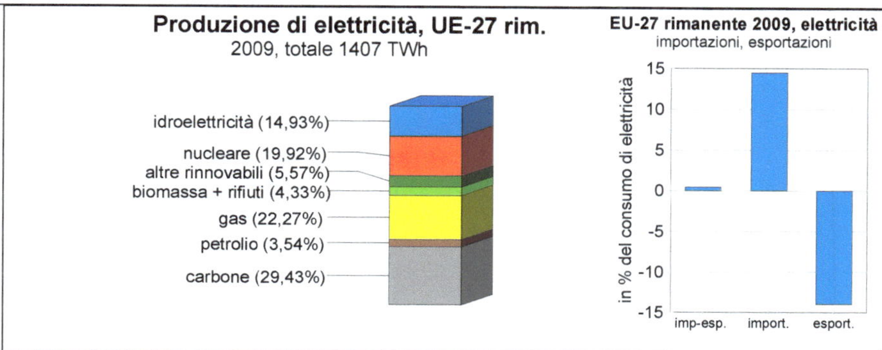

A4. UE-27 rimanente: Produzione di energia elettrica, consumo = produzione + imp- esp.

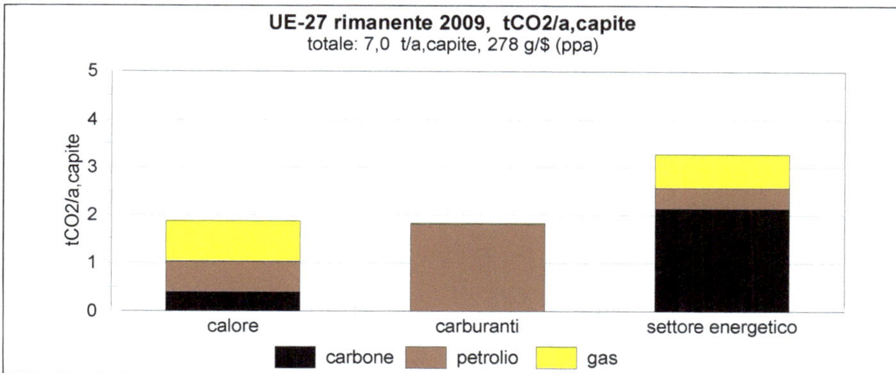

A5. UE-27 rimanente: Emissioni di CO_2

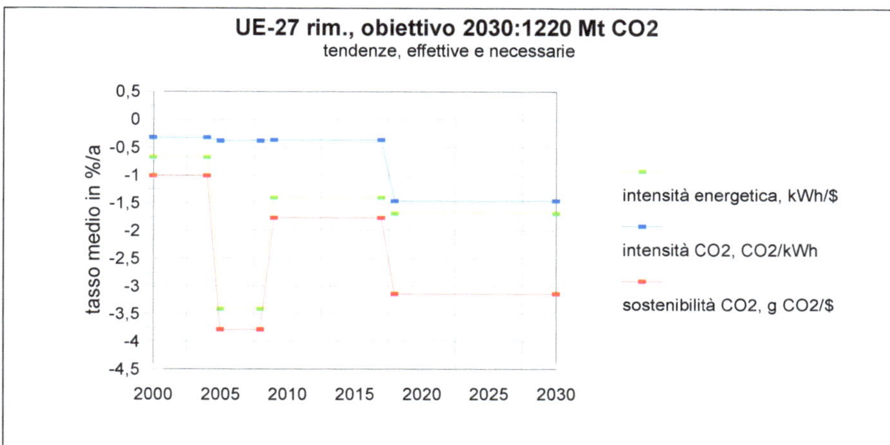

A6. UE-27 rim: Tassi effettivi dal 2000 al 2004 e dal 2004 al 2008, necessari dal 2008 -2017 e dal 2017- 2030

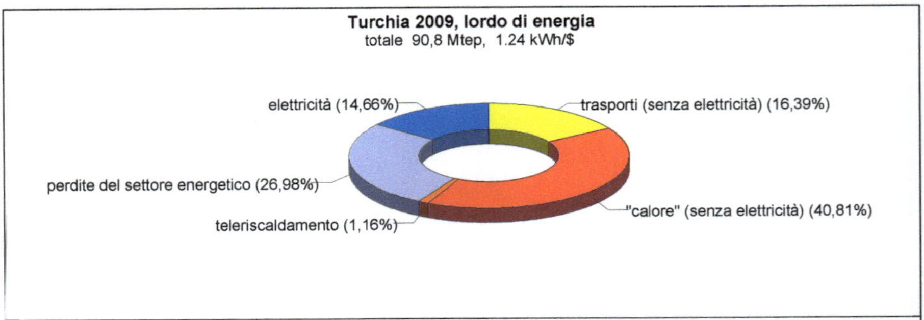

A1. Turchia: Domanda lorda di energia = energia finale + perdite del settore energetico

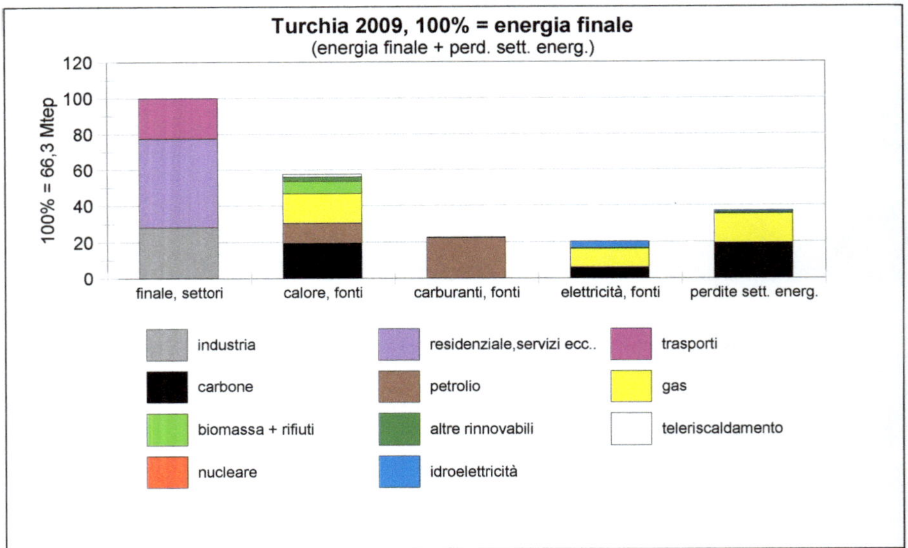

A2. Turchia: Energia finale, perdite del settore energetico, fonti energetiche

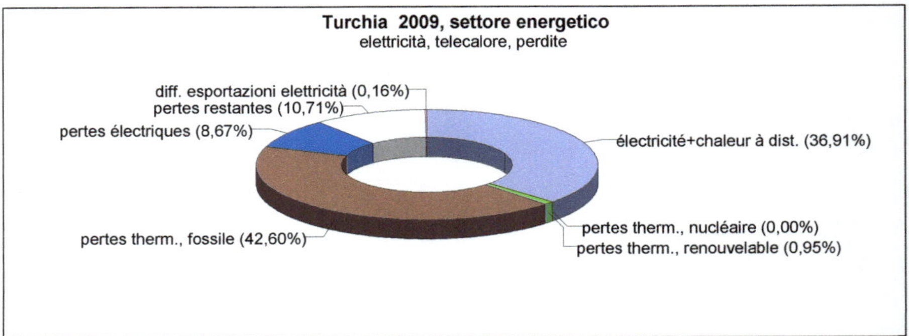

A3. Turchia: Analisi del settore energetico

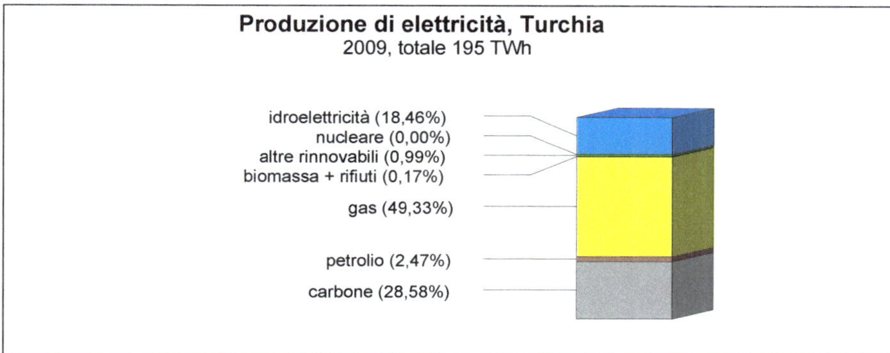

A4. Turchia: Produzione di energia elettrica

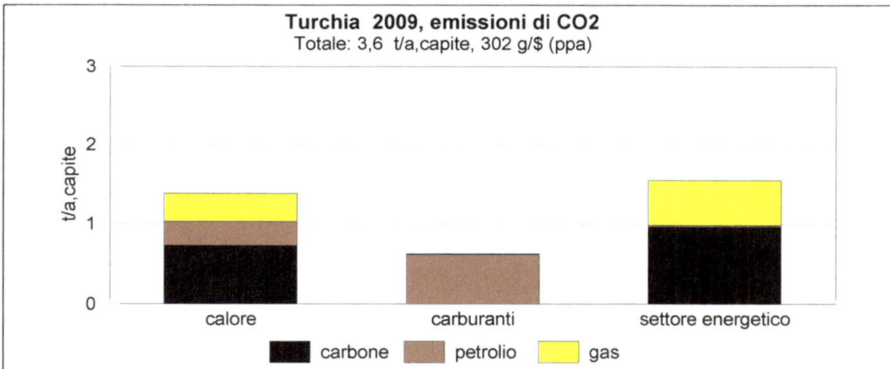

A5. Turchia: Emissioni di CO_2

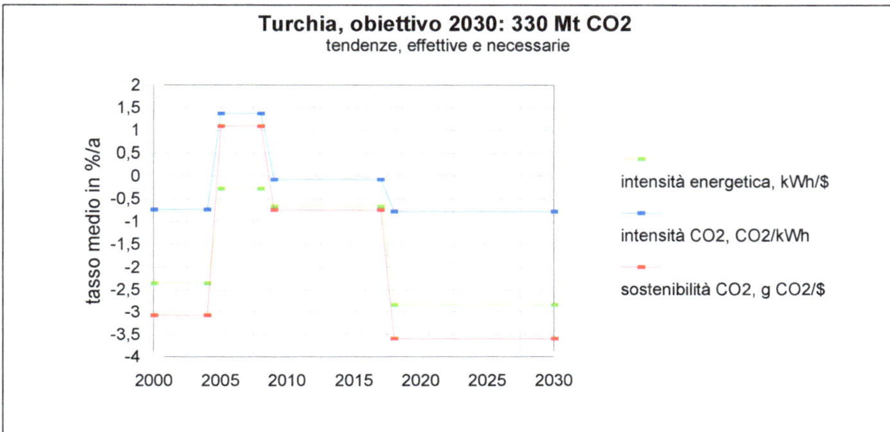

A6. Turchia: Tassi effettivi dal 2000 al 2004 e dal 2004 al 2008, necessari dal 2008 al 2017 e dal 2017 al 2030

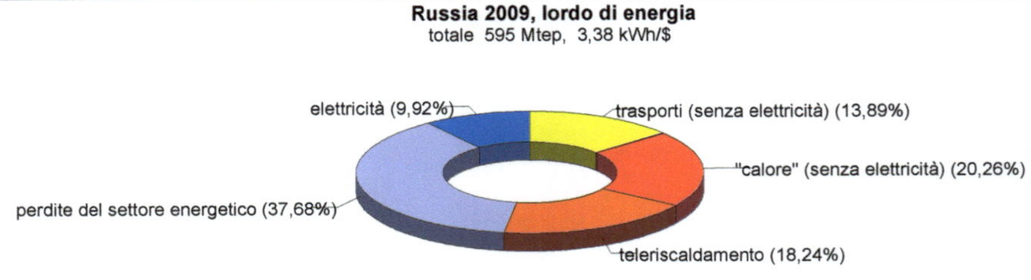

A1. Russia: Domanda lorda di energia = energia finale + perdite del settore energetico

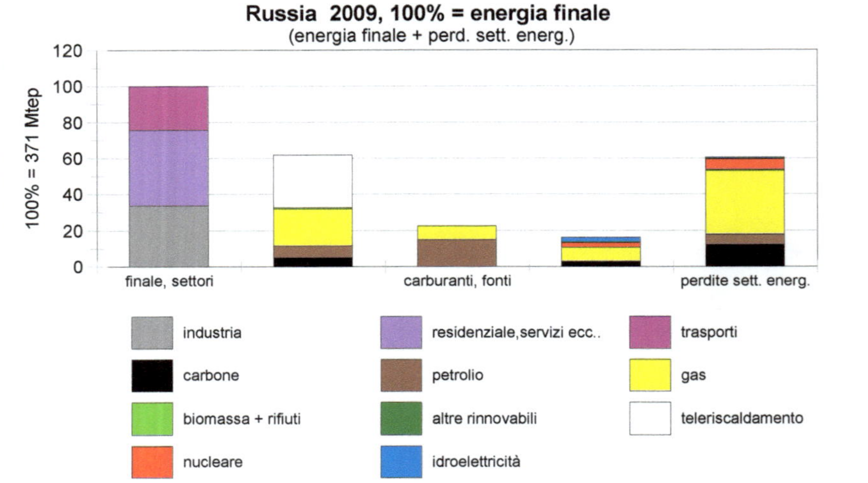

A2. Russia: Energia finale, perdite del settore energetico, fonti energetiche

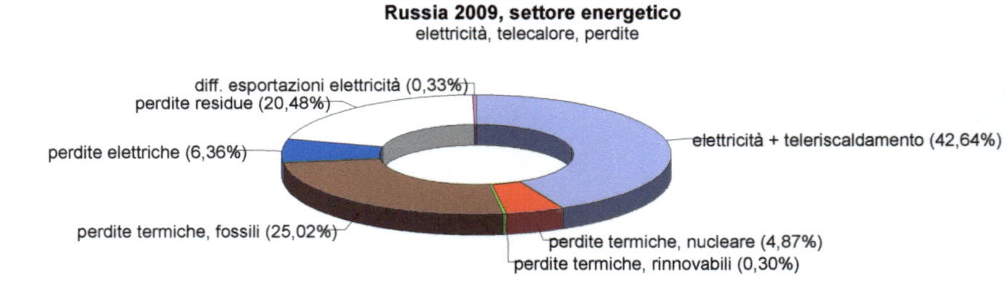

A3. Russia: Analisi del settore energetico

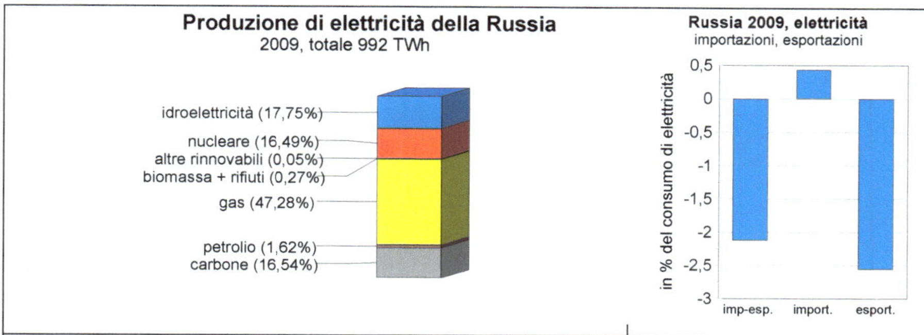

A4. Russia: Produzione di energia elettrica, consumo = produzione + imp- esp.

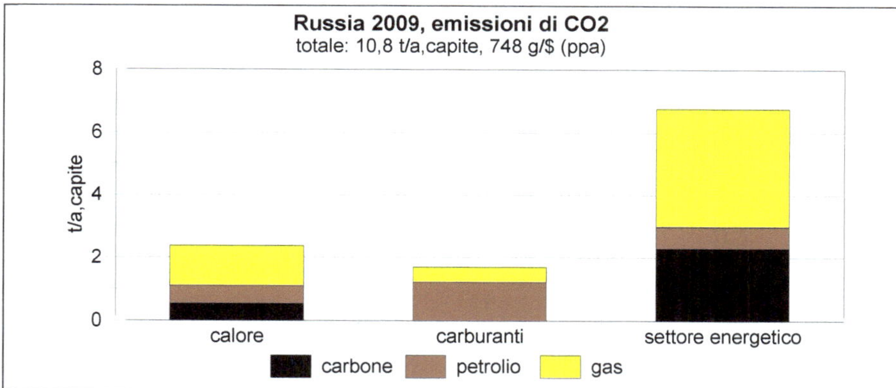

A5. Russia: Emissioni di CO_2

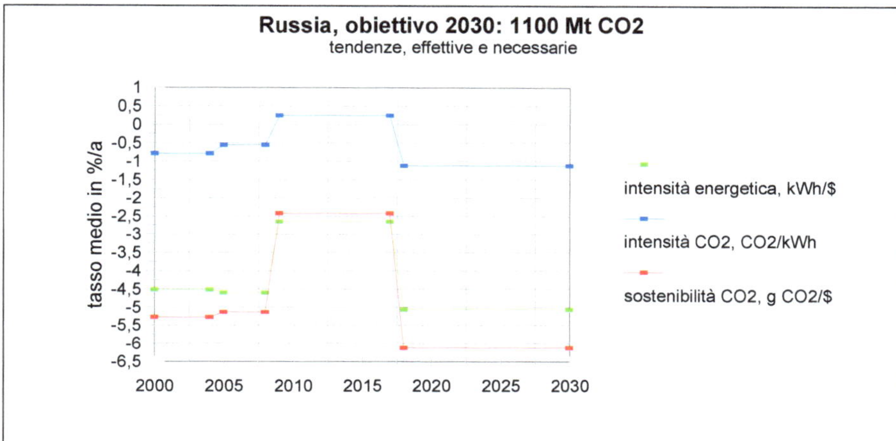

A6. Russia: Tassi effettivi dal 2000 al 2004 e dal 2004 al 2008, necessari dal 2008 al 2017 e dal 2017 al 2030

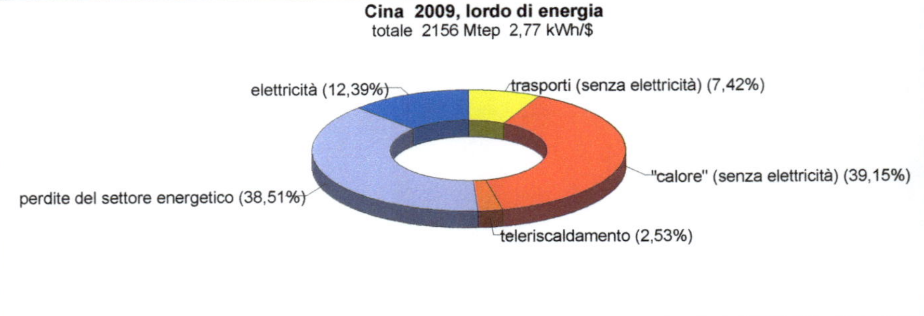

A1. Cina: Domanda lorda di energia = energia finale + perdite del settore energetico

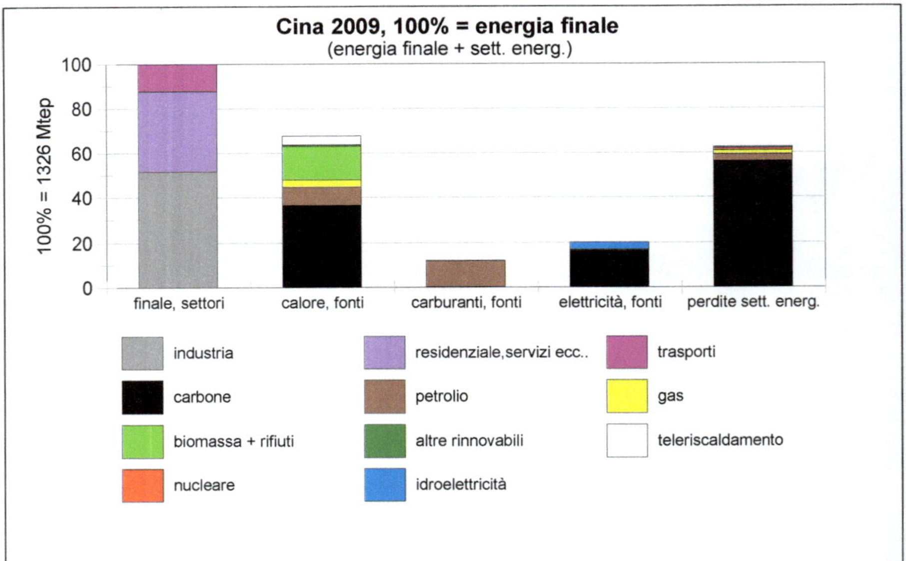

A2. Cina: Energia finale, perdite del settore energetico, fonti energetiche

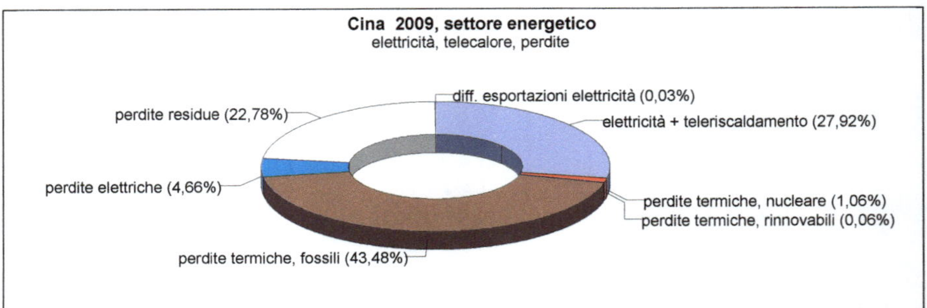

A3. Cina: Analisi del settore energetico

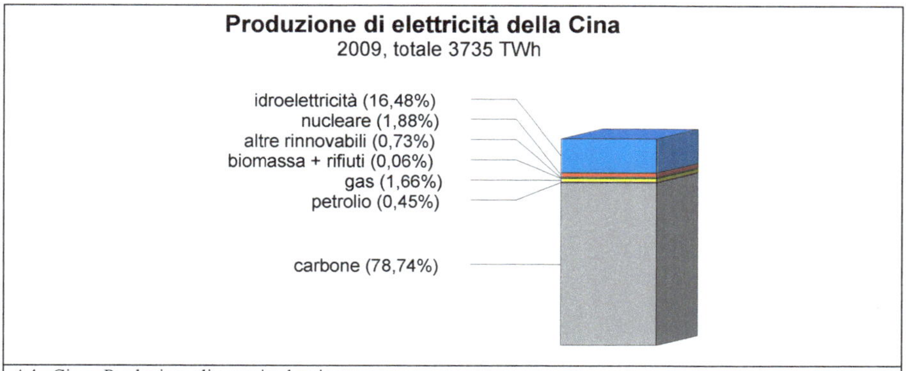

A4. Cina: Produzione di energia elettrica

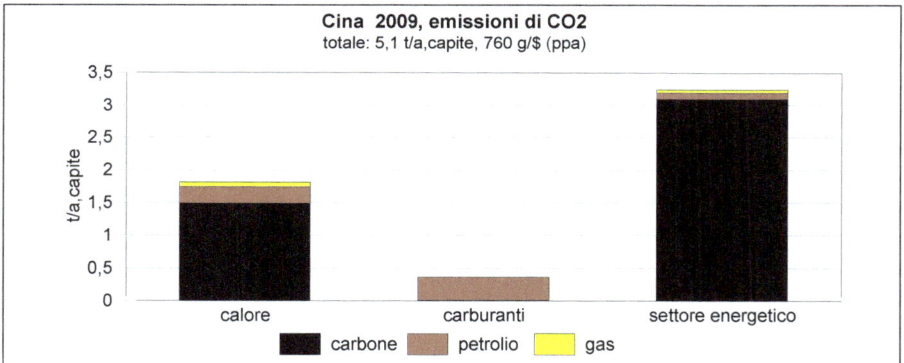

A5. Cina: Emissioni di CO_2

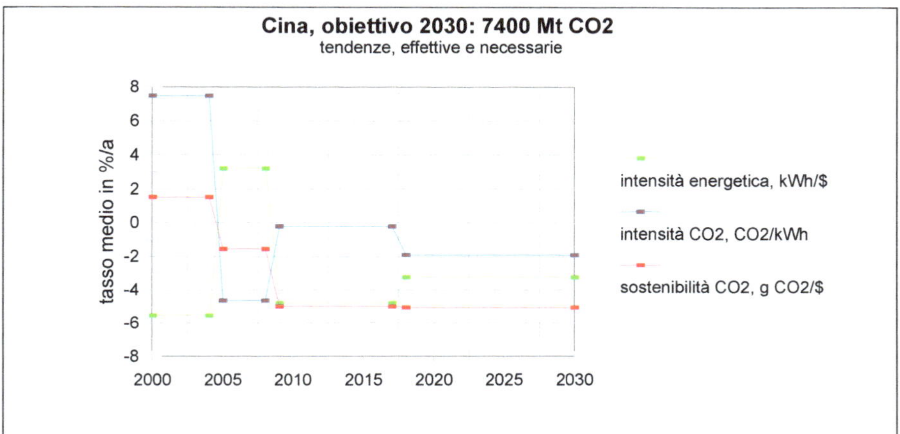

A6. Cina: Tassi effettivi dal 2000 al 2004 e dal 2004 al 2008, necessari dal 2008 al 2017 e dal 2017 al 2030

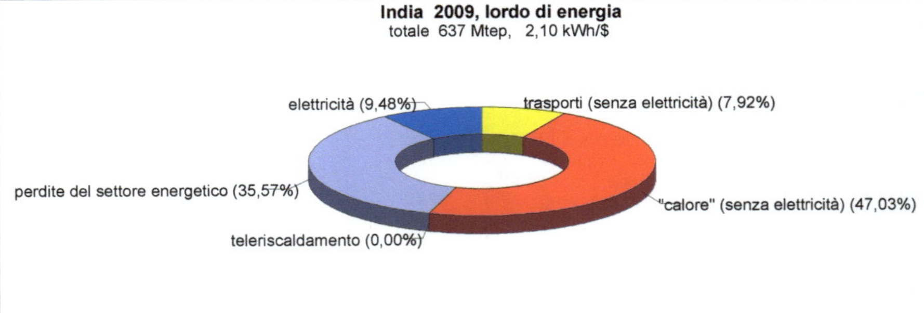

A1. India: Domanda lorda di energia = energia finale + perdite del settore energetico

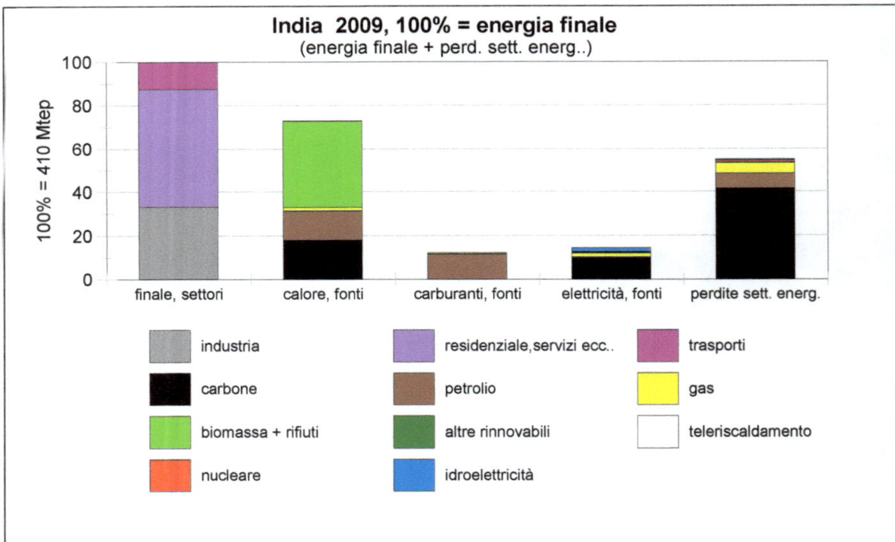

A2. India: Energia finale, perdite del settore energetico, fonti energetiche

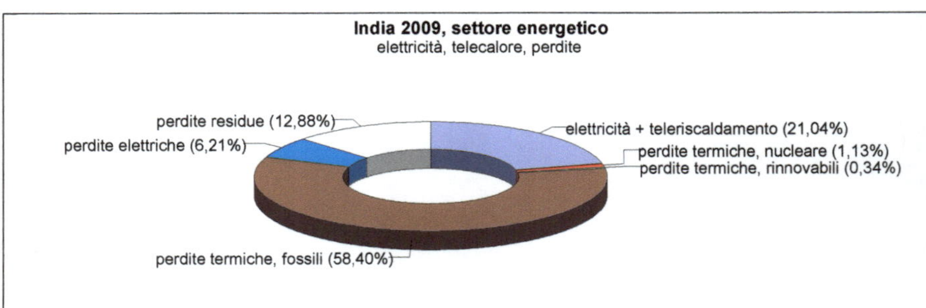

A3. India: Analisi del settore energetico

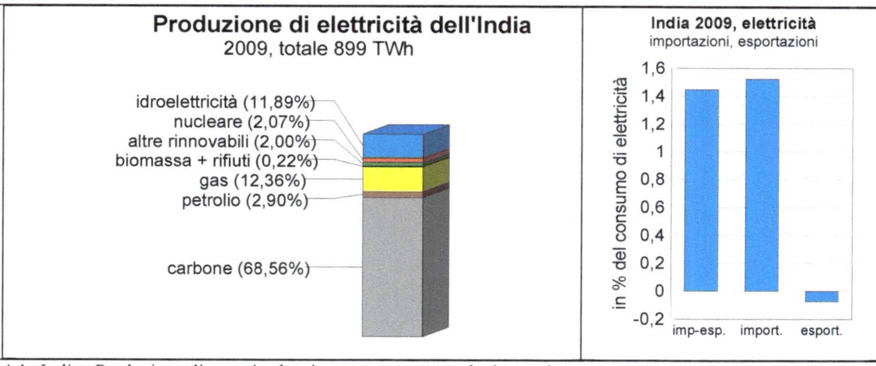

A4. India: Produzione di energia elettrica, consumo = produzione + imp- esp.

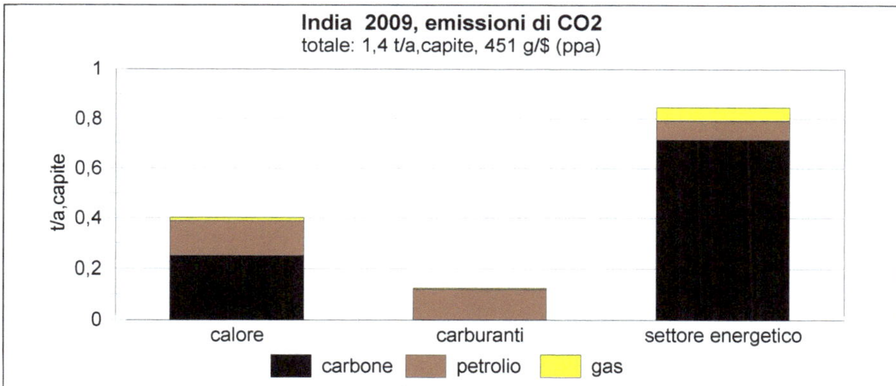

A5. India: Emissioni di CO_2

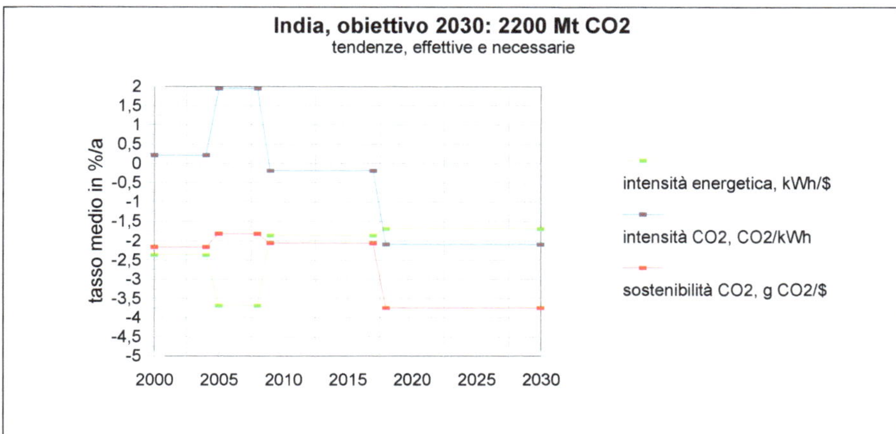

A6. India: Tassi effettivi dal 2000 al 2004 e dal 2004 al 2008, necessari dal 2008 al 2017 e dal 2017 al 2030

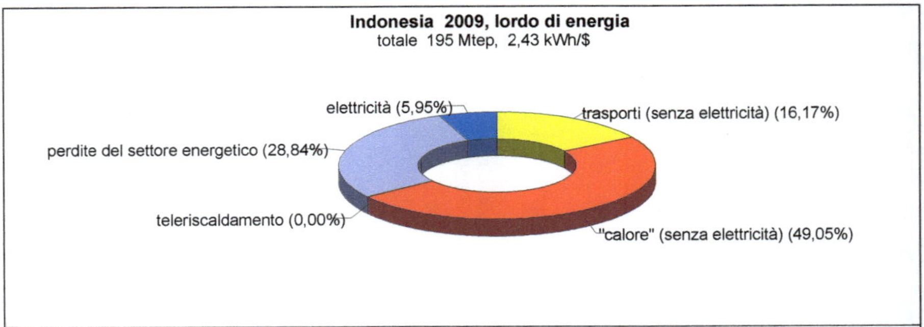

A1. Indonesia: Domanda lorda di energia = energia finale + perdite del settore energetico

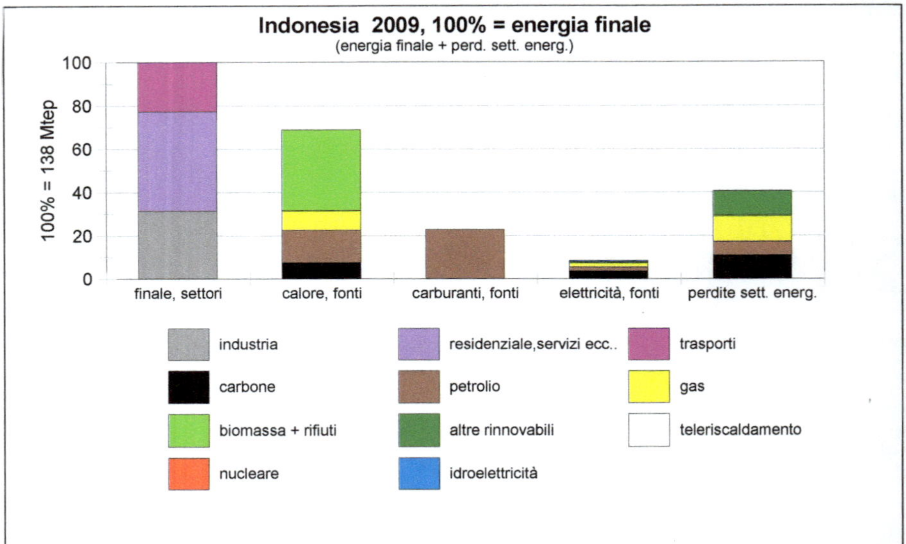

A2. Indonesia: Energia finale, perdite del settore energetico, fonti energetiche

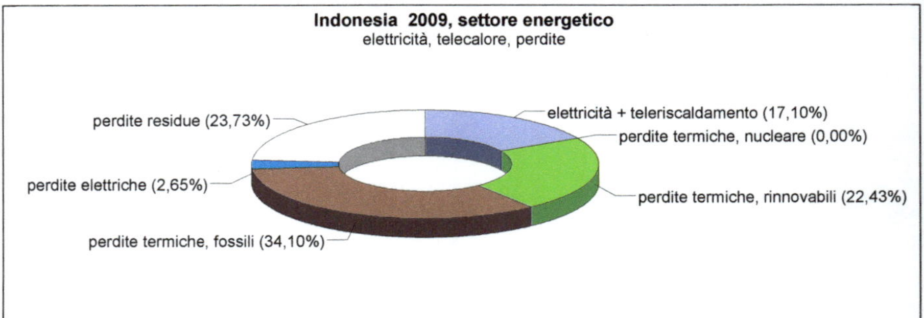

A3. Indonesia: Analisi del settore energetico

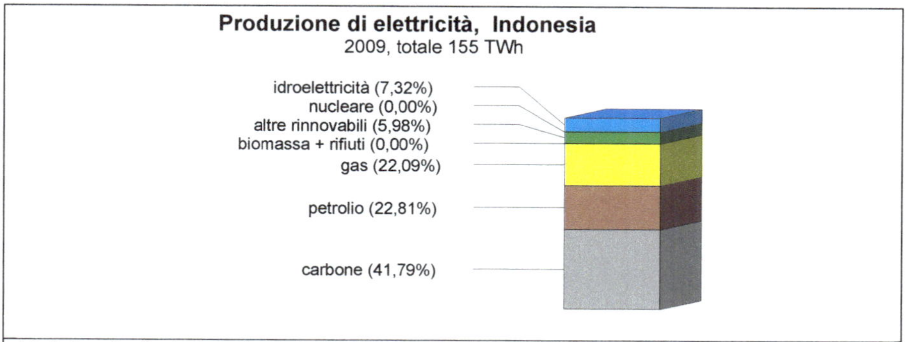

A4. Indonesia: Produzione di energia elettrica

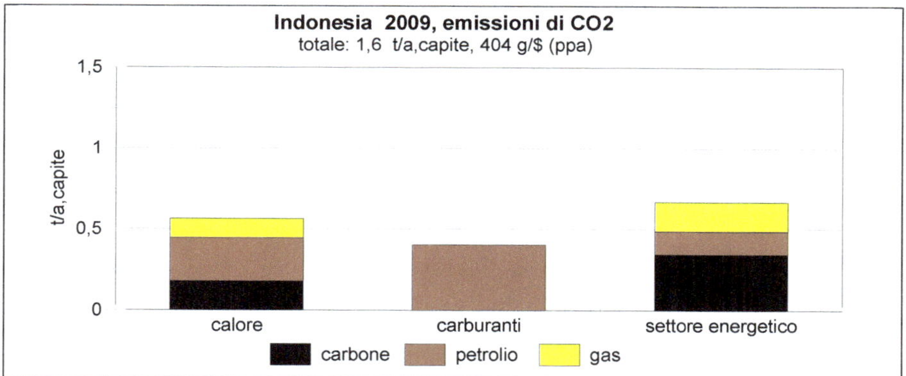

A5. Indonesia: Emissioni di CO_2

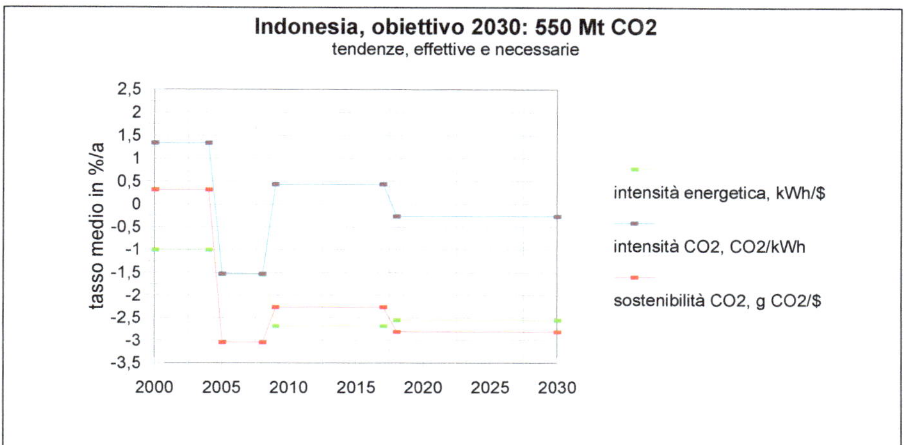

A6. Indonesia: Tassi effettivi dal 2000 al 2004 e dal 2004 al 2008, necessari dal 2008 al 2017 e dal 2017 al 2030

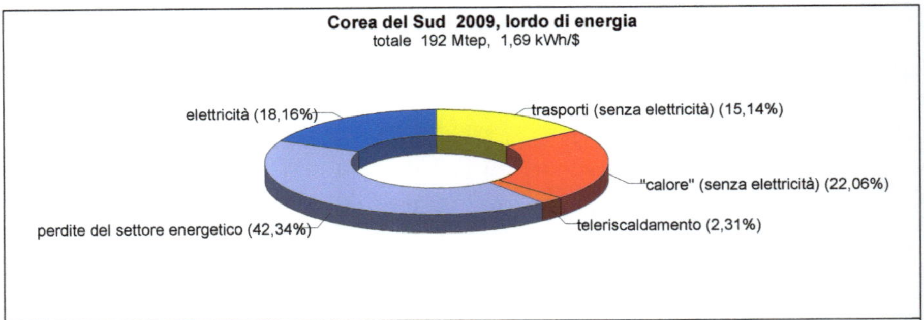

A1. Corea del Sud: Domanda lorda di energia = energia finale + perdite del settore energetico

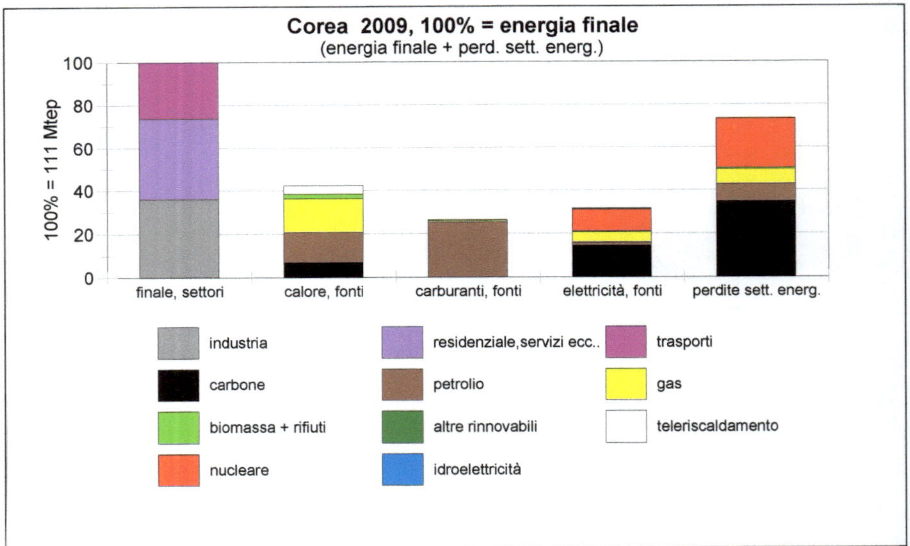

A2. Corea del Sud: Energia finale, perdite del settore energetico, fonti energetiche

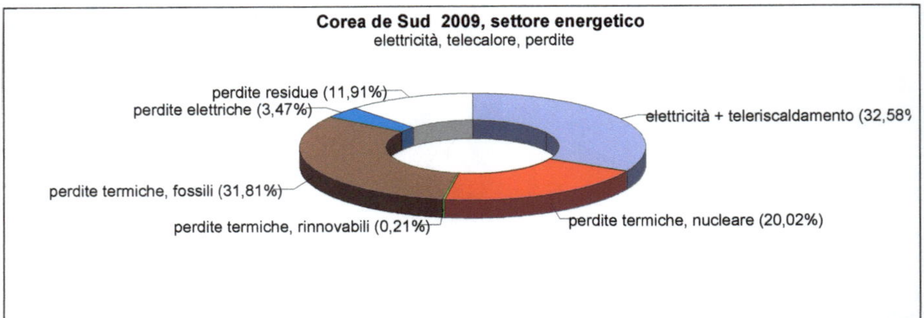

A3. Corea del Sud: Analisi del settore energetico

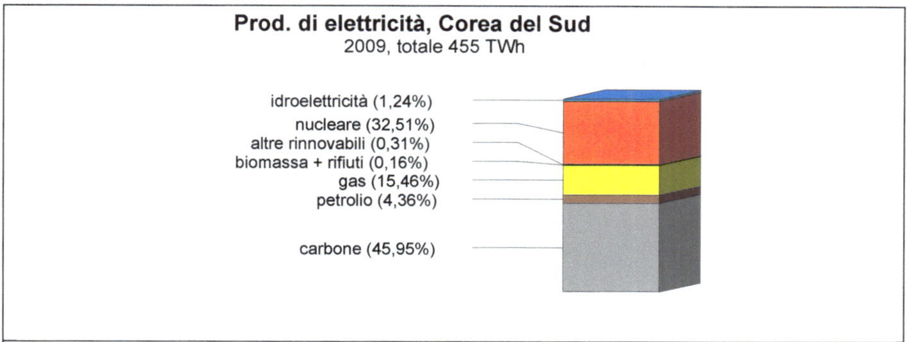

A4. Corea del Sud: Produzione di energia elettrica

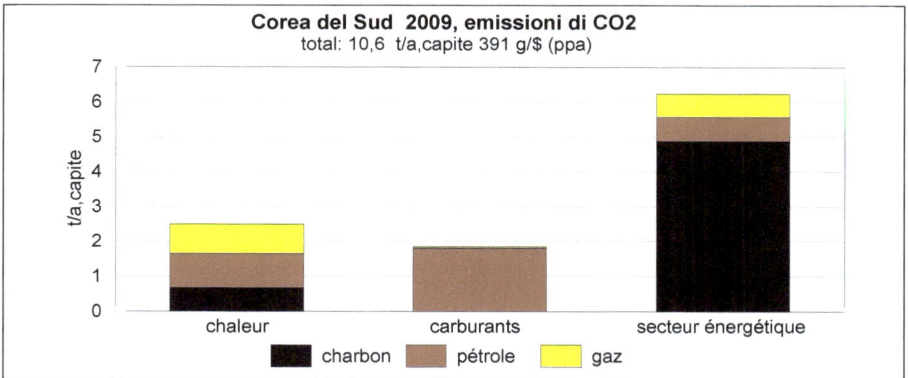

A5. Corea del Sud: Emissioni di CO_2

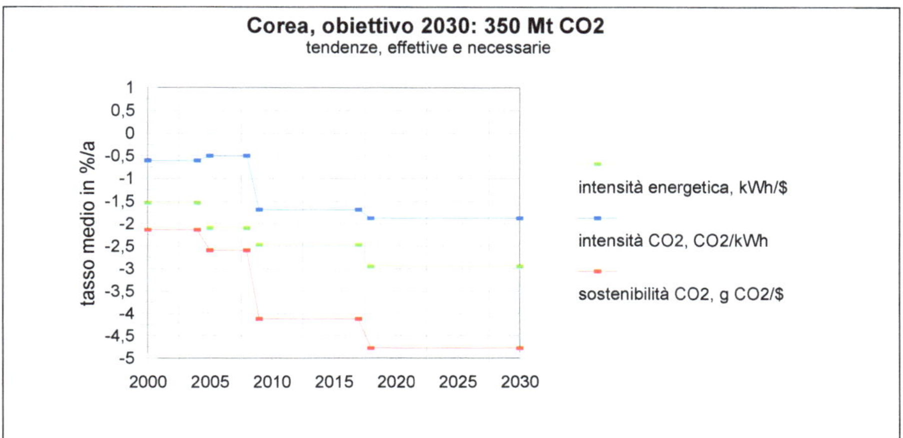

A6. Corea: Tassi effettivi dal 2000 al 2004 e dal 2004 al 2008, necessari dal 2008 al 2017 e dal 2017 al 2030

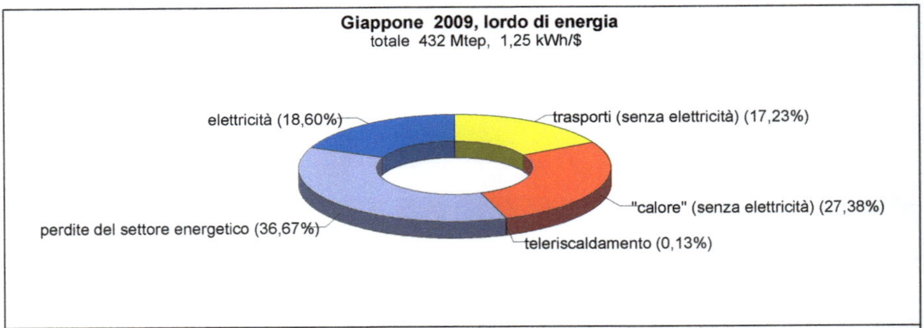

A1. Giappone: Domanda lorda di energia = energia finale + perdite del settore energetico

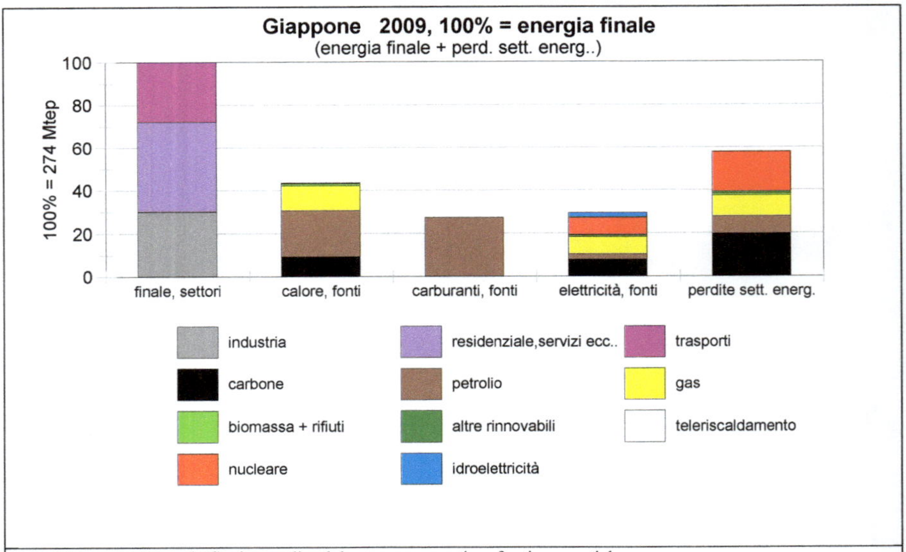

A2. Giappone: Energia finale, perdite del settore energetico, fonti energetiche

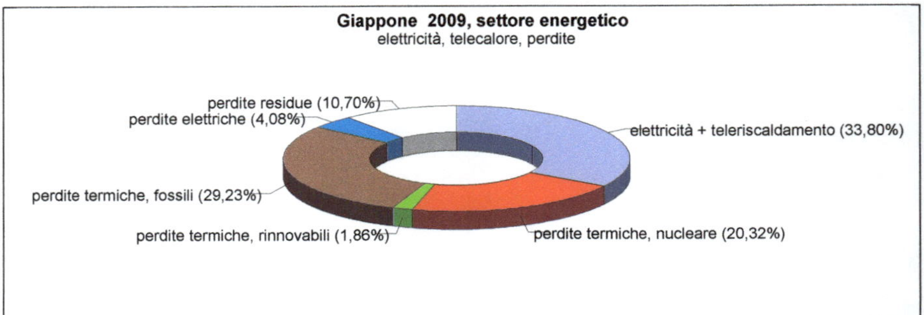

A3. Giappone: Analisi del settore energetico

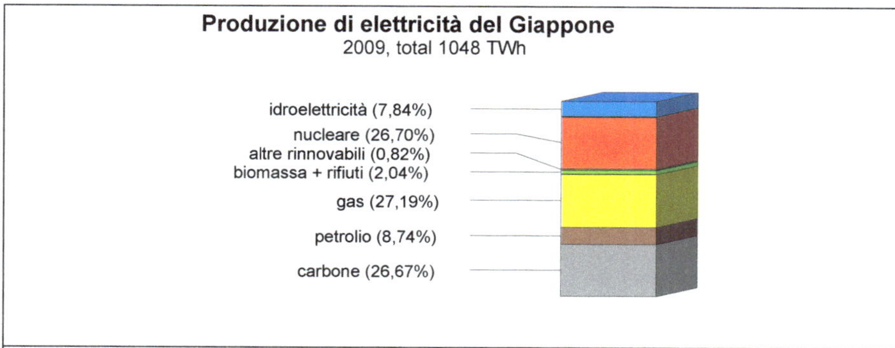

A4. Giappone: Produzione di energia elettrica

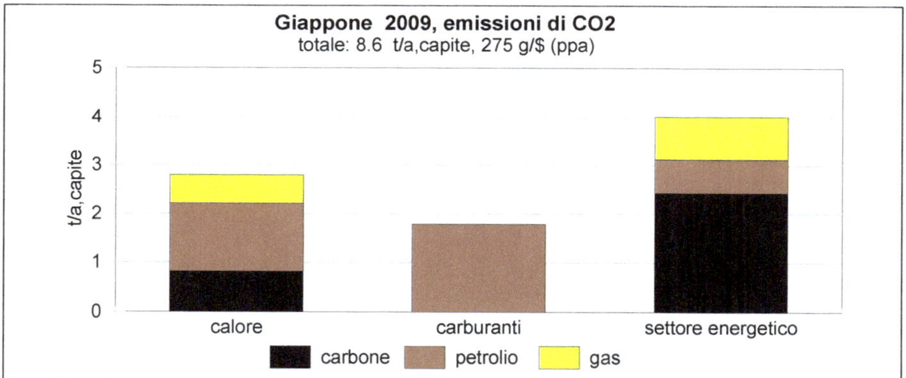

A5. Giappone: Emissioni di CO_2

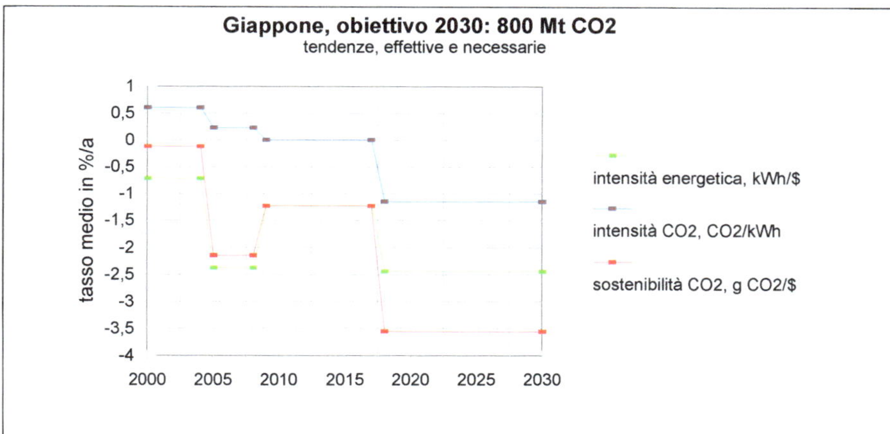

A6. Giappone: Tassi effettivi dal 2000 al 2004 e dal 2004 al 2008, necessari dal 2008 al 2017 e dal 2017 al 2030

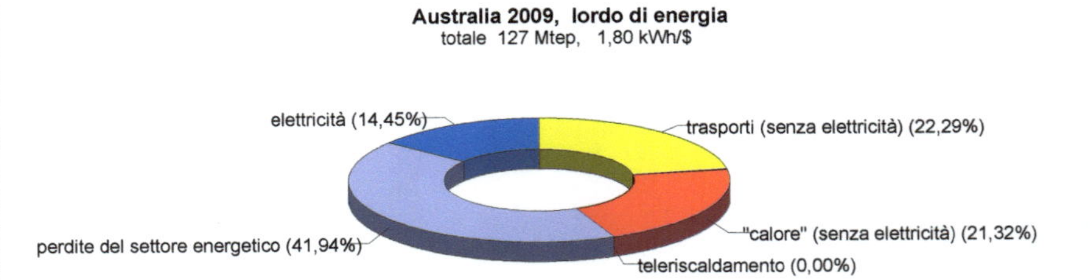

A1. Australia: Domanda lorda di energia = energia finale + perdite del settore energetico

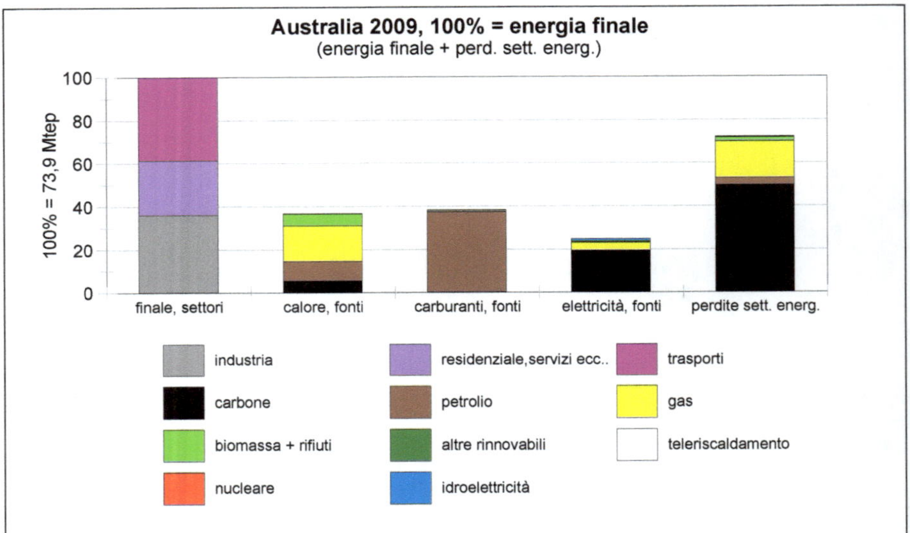

A2. Australia: Energia finale, perdite del settore energetico, fonti energetiche

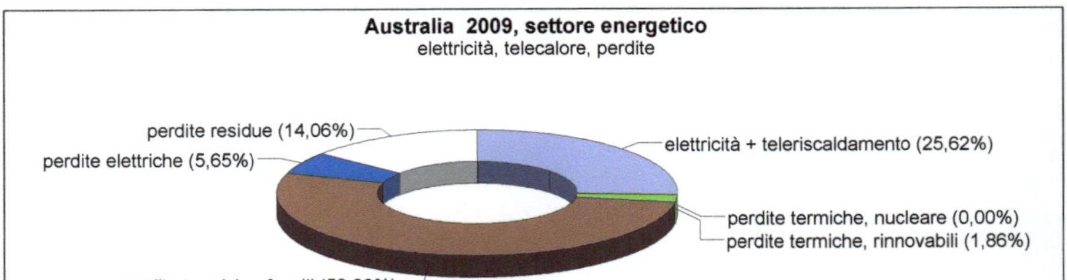

A3. Australia: Analisi del settore energetico

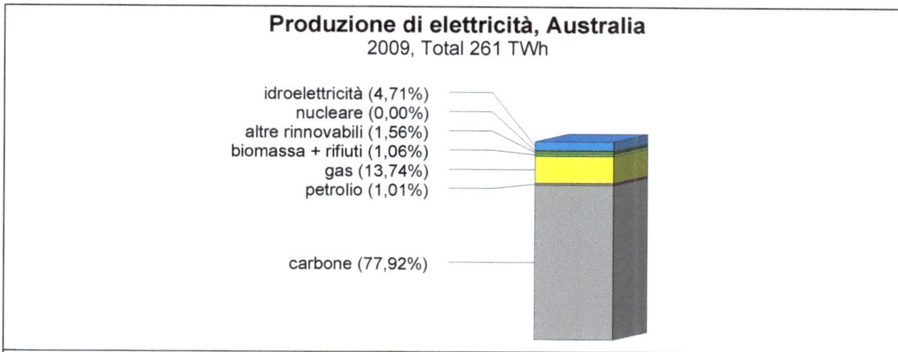

A4. Australia: Produzione di energia elettrica

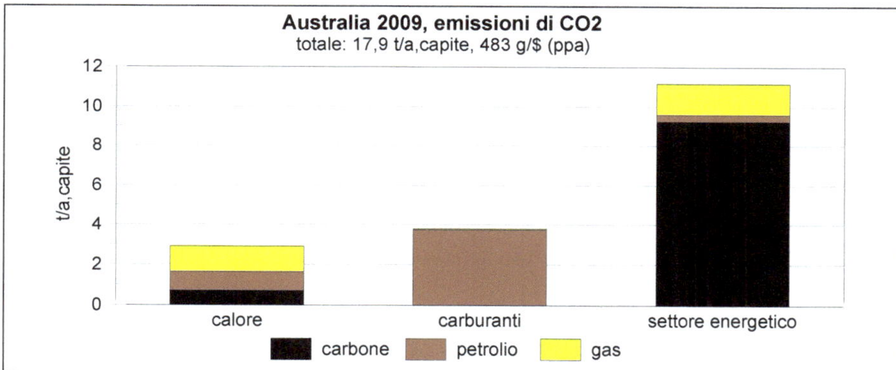

A5. Australia: Emissioni di CO_2

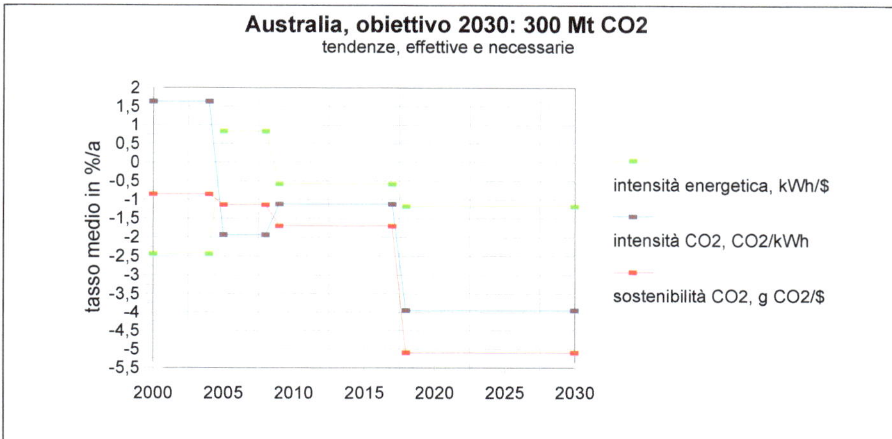

A6. Australia: Tassi effettivi dal 2000 al 2004 e dal 2004 al 2008, necessari dal 2008 al 2017 e dal 2017 al 2030

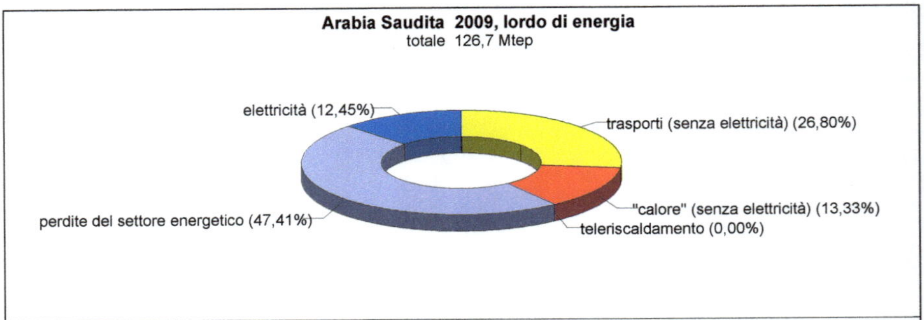

A1. Arabia Saudita: Domanda lorda di energia = energia finale + perdite del settore energetico

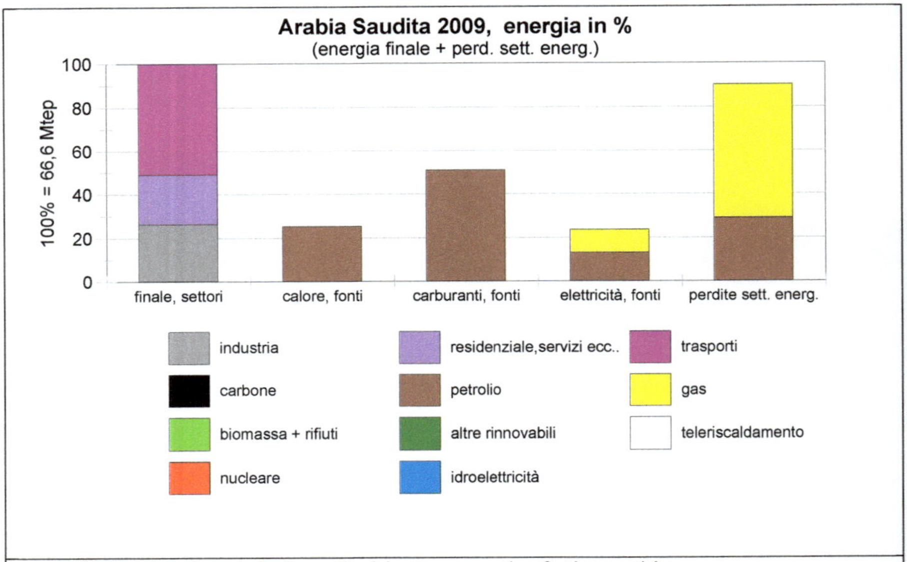

A2. Arabia Saudita: Energia finale, perdite del settore energetico, fonti energetiche

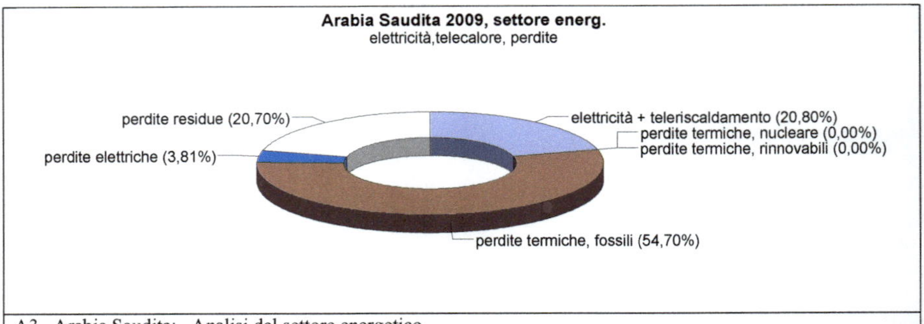

A3. Arabia Saudita: Analisi del settore energetico

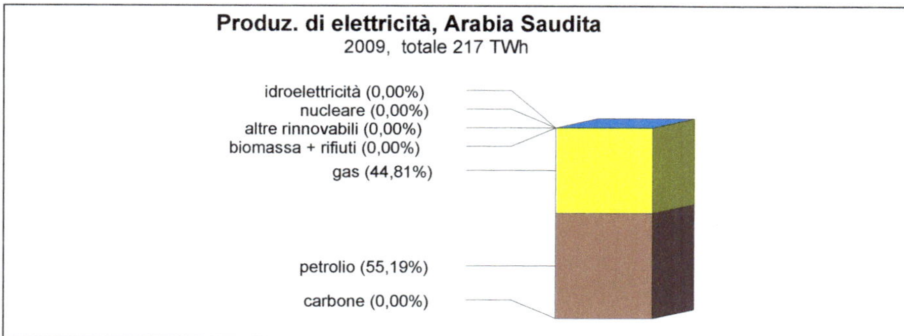

A4. Arabia Saudita: Produzione di energia elettrica

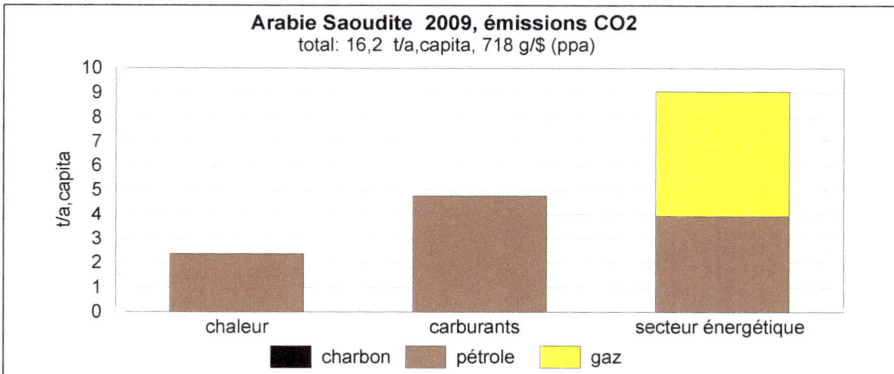

A5. Arabia Saudita: Emissioni di CO_2

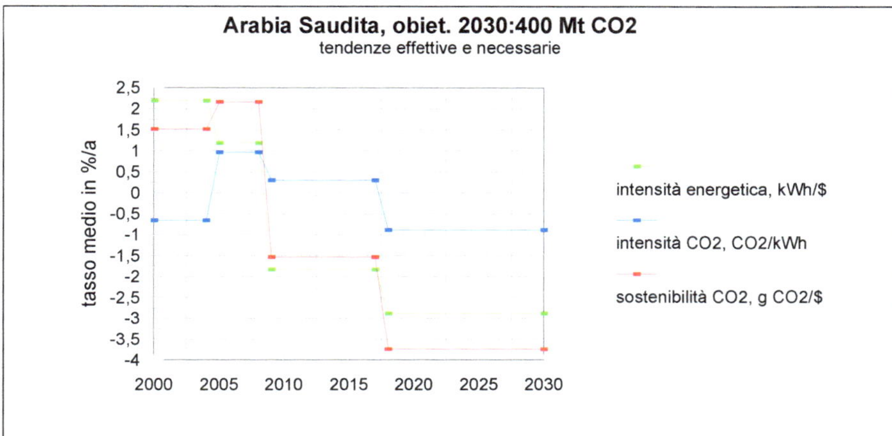

A6. Arabia Saudita: Tassi effettivi dal 2000 - 2004 e dal 2004 -2008, necessari dal 2008 - 2017 e dal 2017- 2030

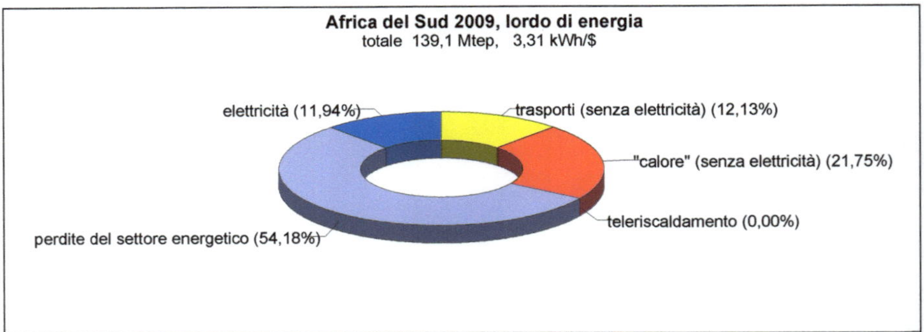

A1. Africa del Sud: Domanda lorda di energia = energia finale + perdite del settore energetico

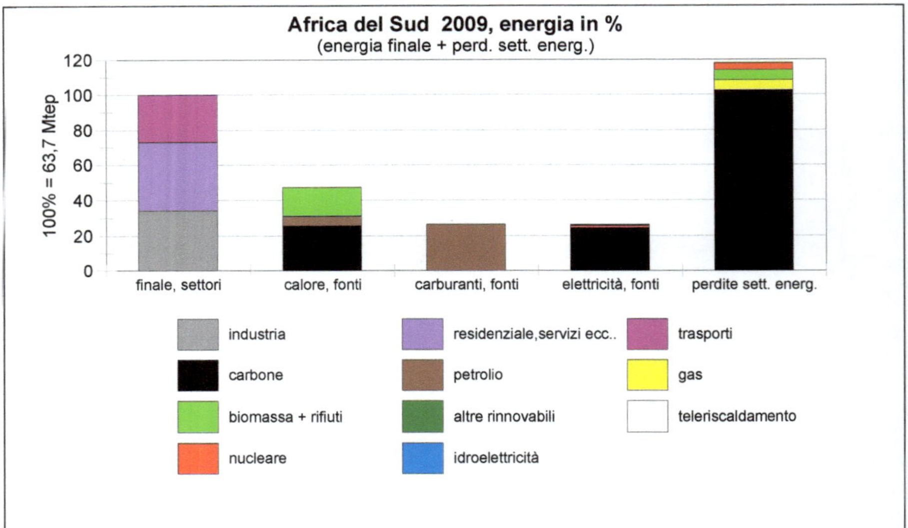

A2. Africa del Sud: Energia finale, perdite del settore energetico, fonti energetiche

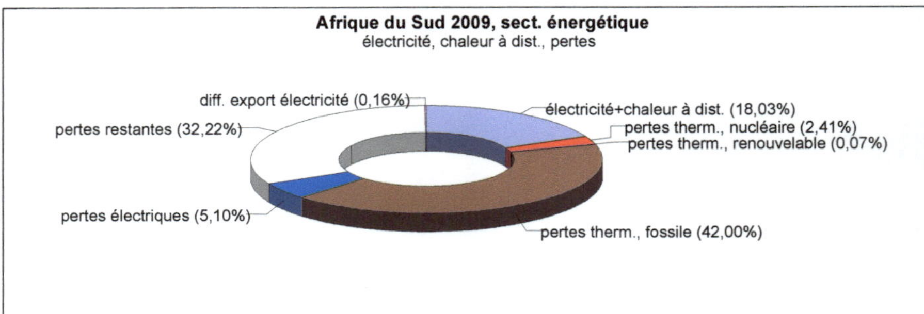

A3. Africa del Sud: Analisi del settore energetico

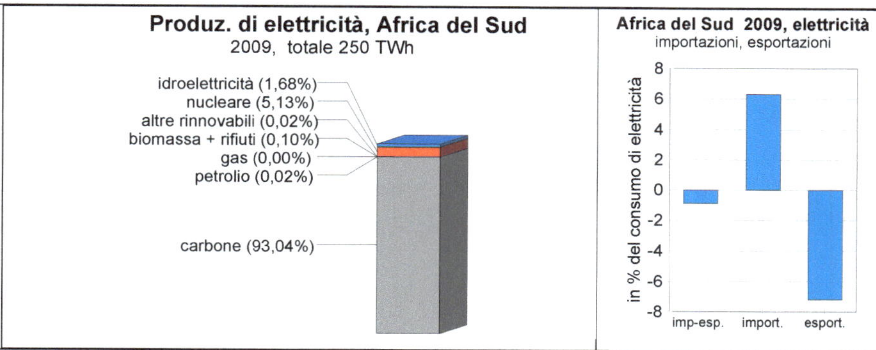

A4. Africa del Sud: Produzione di energia elettrica, consumo = produzione + imp- esp

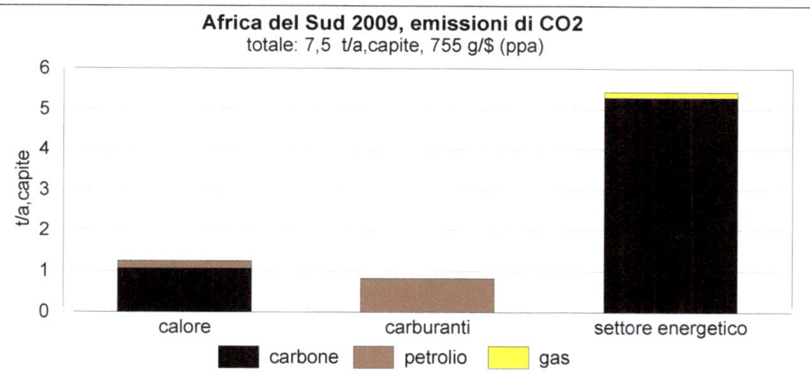

A5. Africa del Sud: Emissioni di CO_2

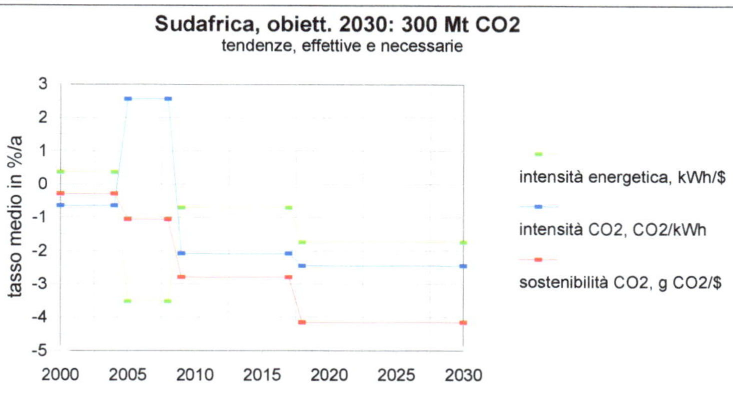

A6. Africa del Sud: Tassi effettivi dal 2000- 2004 e dal 2004 -2008, necessari dal 2008- 2017 e dal 2017-2030

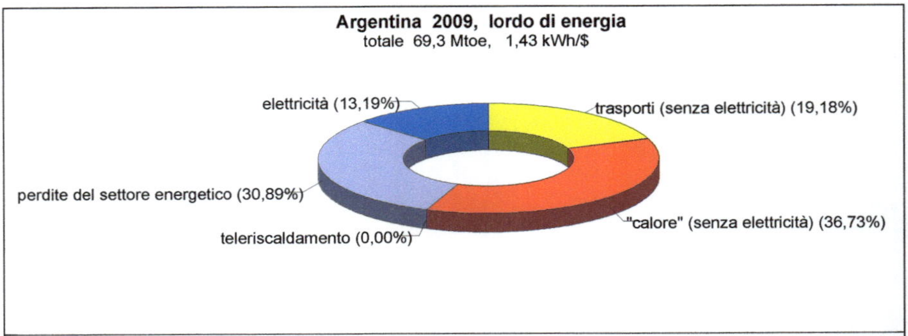

A1. Argentina: Domanda lorda di energia = energia finale + perdite del settore energetico

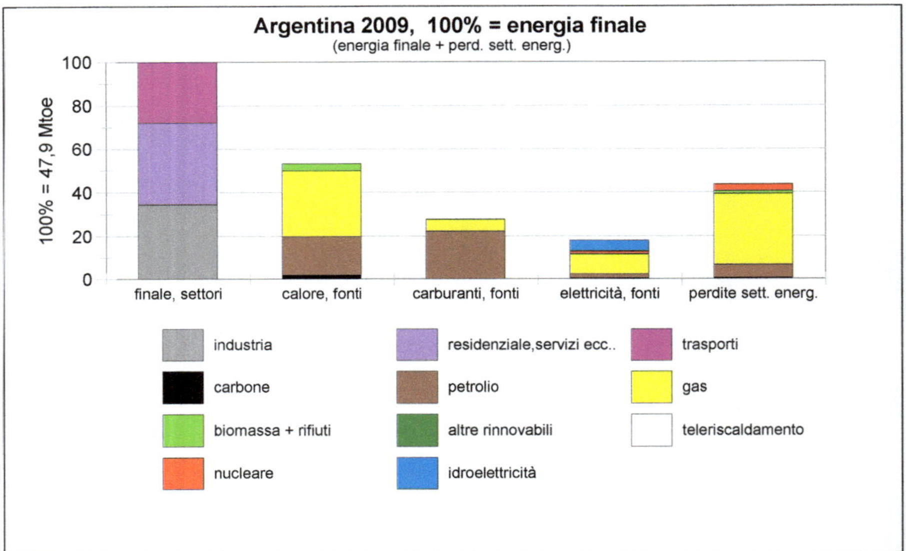

A2. Argentina: Energia finale, perdite del settore energetico, fonti energetiche

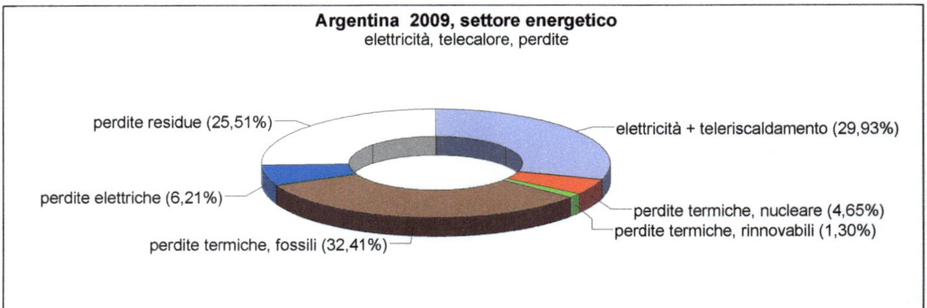

A3. Argentina: Analisi del settore energetico

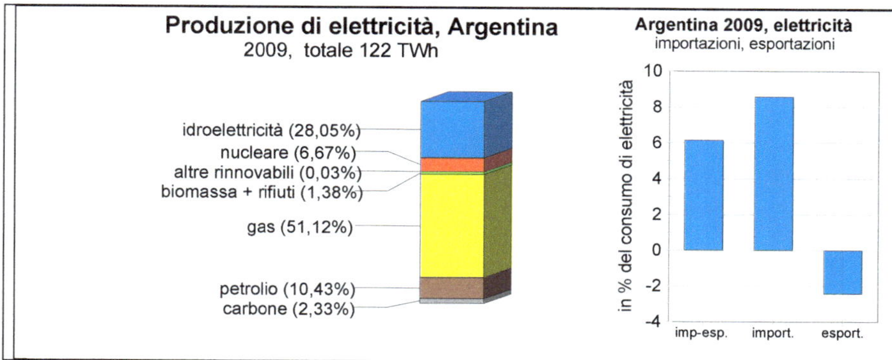

A4. Argentina: Produzione di energia elettrica, consumo = produzione + imp- esp

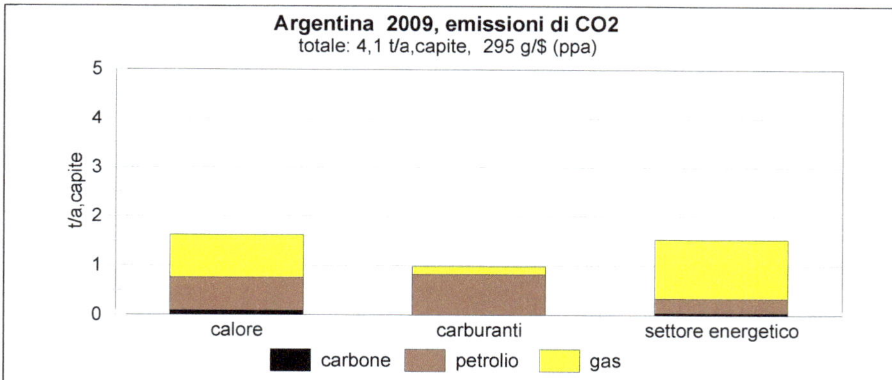

A5. Argentina: Emissioni di CO_2

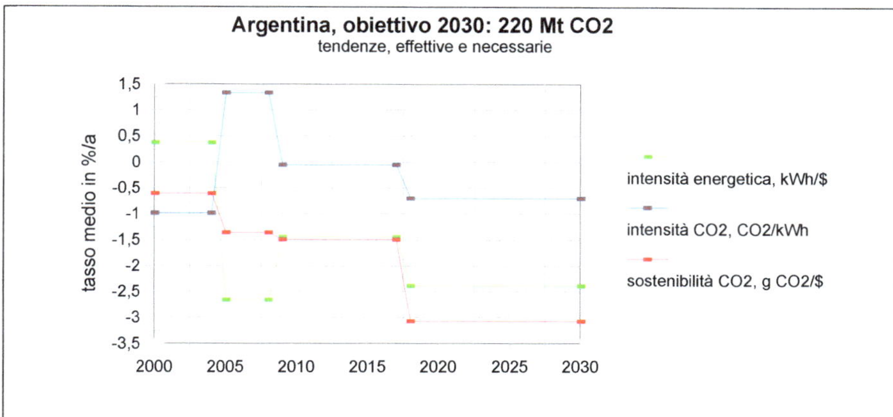

A6. Argentina: Tassi effettivi dal 2000 al 2004 e dal 2004 al 2008, necessari dal 2008 al 2017 e dal 2017 al 2030

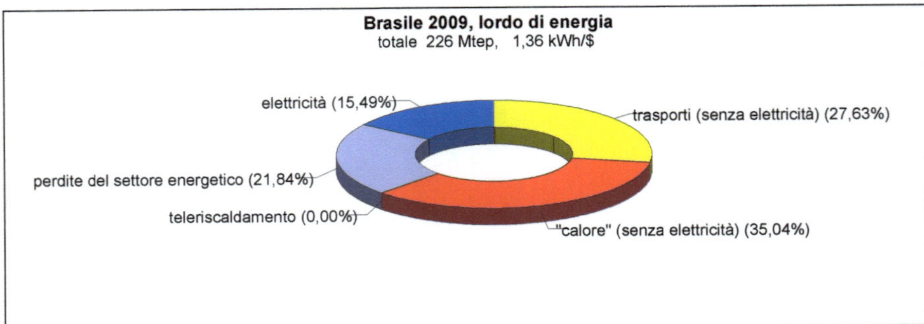

A1. Brasile: Domanda lorda di energia = energia finale + perdite del settore energetico

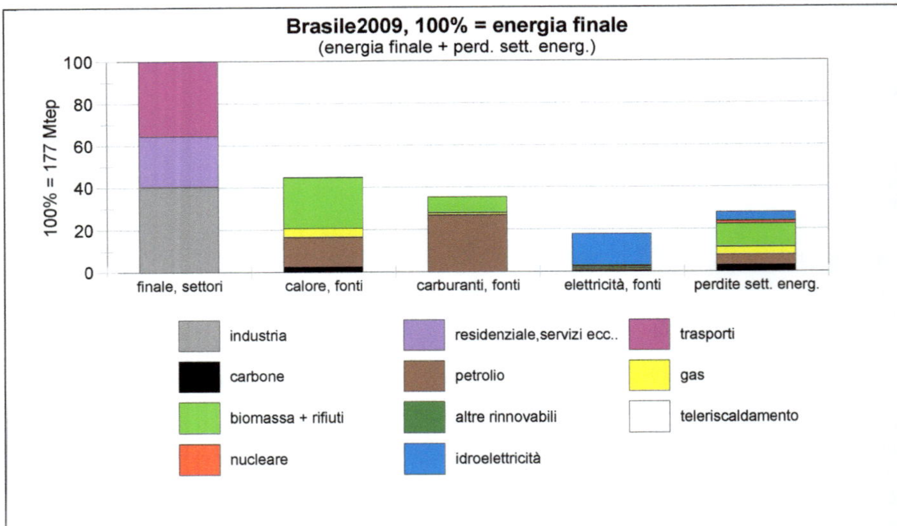

A2. Brasile: Energia finale, perdite del settore energetico, fonti energetiche

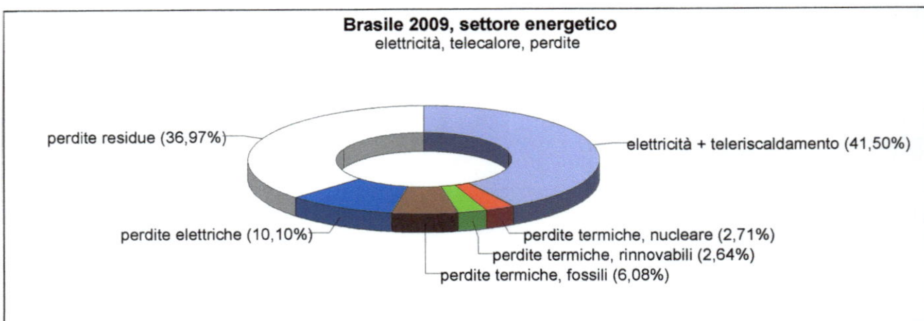

A3. Brasile: Analisi del settore energetico

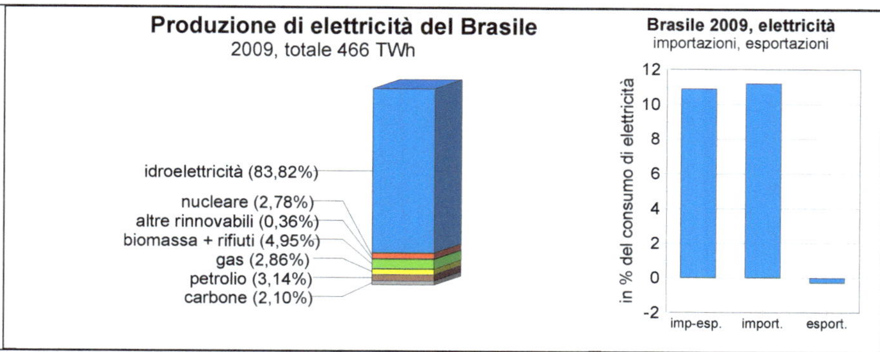

A4. Brasile: Produzione di energia elettrica, consumo = produzione + imp- esp.

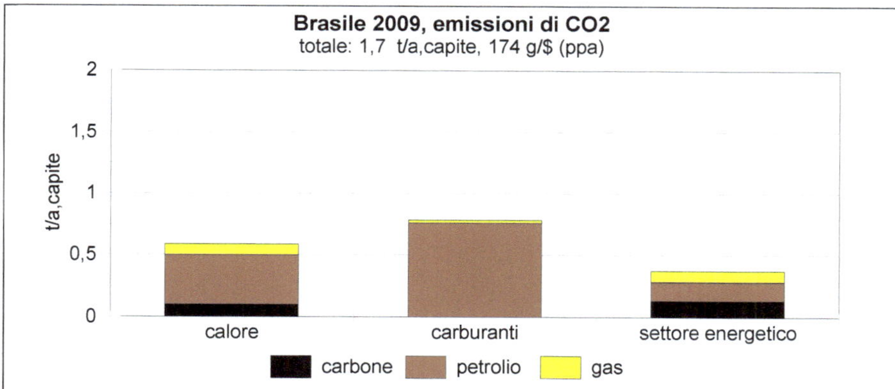

A5. Brasile: Émissions de CO_2

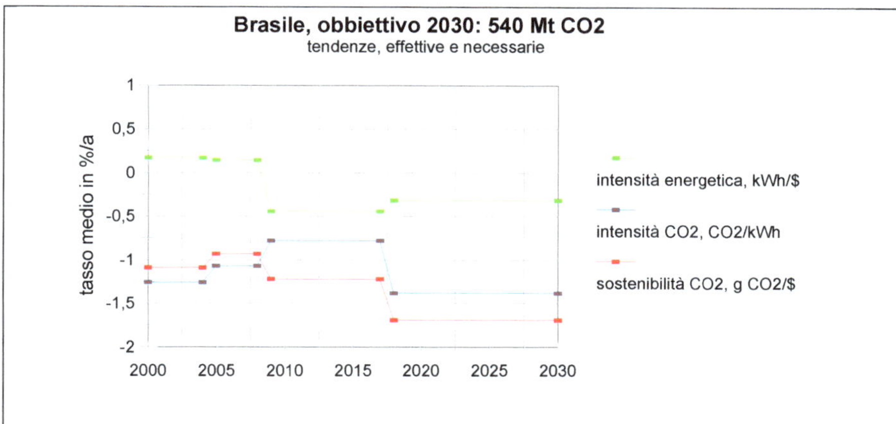

A6. Brasile: Tassi effettivi dal 2000 al 2004 e dal 2004 al 2008, necessari dal 2008 al 2017 e dal 2017 al 2030

www.ingramcontent.com/pod-product-compliance
Lightning Source LLC
LaVergne TN
LVHW071354071026
849558LV00074B/469
* 9 7 8 2 9 7 0 0 6 5 0 6 7 *